一分钟
超级记忆术

[意] 马戴奥·萨勒沃 著

储可凡 译

天津出版传媒集团

天津科学技术出版社

著作权合同登记号：图字02-2023-230

图书在版编目（CIP）数据

一分钟超级记忆术 ／（意）马戴奥·萨勒沃著 ； 储可凡译. -- 天津 ： 天津科学技术出版社，2024.4

ISBN 978-7-5742-1744-7

Ⅰ．①一… Ⅱ．①马… ②储… Ⅲ．①记忆术 Ⅳ. Ⅳ.①B842.3

中国国家版本馆CIP数据核字(2024)第017611号

一分钟超级记忆术

YIFENZHONG CHAOJI JIYISHU

责任编辑：马妍吉

出　　版：天津出版传媒集团
　　　　　天津科学技术出版社

地　　址：天津市西康路35号

邮　　编：300051

电　　话：（022）23332695

网　　址：www.tjkjcbs.com.cn

发　　行：新华书店经销

印　　刷：天宇万达印刷有限公司

开本 880×1230　1/32　印张 6.5　字数 150 000

2024年4月第1版第1次印刷

定价：48.00元

前　言

　　没有正确的方法，纵使你一直渴望改变，也只会是徒劳。但生活中的某些经历可能会为你指明前进的方向。一瞬间，足以扭转一切。

马克·拉托雷

　　我曾经的生活千篇一律。放学回家后，先看会儿电视，然后开始令我感到痛苦的90分钟学习。我阅读课本，勾画重点，把整本书涂得花花绿绿，并背些没什么意义的连接词。我先反复学习书本上的内容，然后将其背诵下来，并背给正在做饭的妈妈听。复习几遍之后，我把内容刻进脑子里，等到第二天早上爸爸送我去上学时，再在车里背诵给爸爸听。

　　很幸运，我的成绩一直不错，在学习上没有遇到过什么麻烦。只是一直闷在家里学习，导致我失去了与伙伴们一起外出玩耍、享受生活的机会，这种珍贵时光的缺失令我开始讨厌上学。一天，我的爸爸心中产生了一个疑问：为什么我儿子要花这么多时间学习而没有时间踢球呢？于是他开始在互联网上研究这个问题，并找到了马代奥·萨尔沃。很快，他带着我与我的两个表兄弟参加了萨尔沃的课程。我被他课上的学习方法吸引了。多亏了这种方法，现在我的学习效率得到了很大的提高——大概20分钟就能完成所有学习任务！

我要说明的是，我不喜欢学习，而且永远不会喜欢。但是因为有了这种学习方法，我不用再把全部课余时间投入学习中，完成课业对我来说也不再是难事，而是轻轻松松就可以驾驭的事情，还有可能让我收获满满哦！

祝你阅读愉快！

安德烈·拉托雷

（意大利《最强大脑》第一季获奖者）

在我的学生时代，我的老师经常建议我的父母："让他找到属于他自己的学习方法。"

几十年来，这句话一直萦绕在我的脑海中。有没有可能是学校没有足够的能力，抑或是没有足够的精力将这种学习方法传授给学生，所以才导致每一个学生需要自己探索学习方法呢？！因此，我希望能够教给安德烈一种学习方法。

难忘，是的，那段时光是难忘的。安德烈参加有关记忆法的课程时才10岁，读小学五年级。我们都很享受这段时光，这成了我们非常美好的回忆。

那几周，学习仿佛成了一场场游戏，我们的学习热情也愈发高涨。说实话，虽然安德烈在学习上并没有遇到过什么困难，但在这个课程中学到的方法彻底改变了他的生活，同样也改变了我们的生活，因为他和我们终于有时间尽情地享受童年时光了。

一年后，安德烈升入了初中。我们虽然一开始有些不情愿，但最终还是同意了他参加了一档电视节目——《最强大脑》。这档节目的参与者都天赋异禀，且拥有非凡的记忆力，将在高难度的测试中互相竞争。安德烈和我们的目标就是要证明，使用正确的方法也可以拥有"天赋"。出乎我们意料的是，安德烈获得了冠军。自此，我们开启了全新的生活——很多媒体的采访接踵而至，甚至还有人邀请他去中国参加活动。

学习就是激活思维的过程。不断地挑战自己，并在挑战中收获乐趣。相信你一定能够成功。

马切拉和马克·拉托雷

一个名叫费德里科·埃库尔斯的学生，后来跟我成了朋友。他是一名航空公司的飞行员，在他31岁时，他的飞行时间就已超过7000小时。每次坐飞机，我都为拥有一个能操控飞机的朋友而感到自豪——他的肩上承担着多少条生命啊！

当我有幸坐在驾驶舱里，看到那些仪器和控制装置时，我脑海中的第一个念头就是：我真的不知道该从哪里着手。如果让我坐下来操作，那必然是一场浩劫。

但这一切对费德里科

来说易如反掌，在他眼里，操控飞机就和我骑自行车或记数字一样简单。我意识到，他能做到这一切，只有一个原因——去过飞行学校并接受过训练，所以他现在才能像我们开车一样轻松地驾驶飞机。

正确的方法与适当的练习是做事成功的基础。每当看到别人完成一些特别的事情时，我们都会惊奇万分。不知道你曾经是否见过：

——体操运动员在空中飞跃。

——越野车手驾驶汽车漂移。

——滑冰者在冰面上翩翩起舞。

面对这样的场景，我们从来不会认为场景里的这个人天赋异禀，一出生便能完成这些高难度的任务。我们应当明白，他们因为付出了很多艰辛、花费了很多时间，才会取得超群的成绩。无论在什么领域，要想出人头地，我们都需要正确的方法、坚定的决心和持之以恒的努力。

俗话说："罗马不是一天建成的。"

我是意大利的第一个记忆法大师——这是一个在记忆

领域令人羡慕的头衔，只授予在世界记忆锦标赛期间成功完成如下任务的人：

  ——在60分钟内记住至少有1000位数的数字。

  ——在60分钟内记住至少10副牌。

  ——在2分钟内记住一副牌。

  要问我究竟是如何做到的，我的答案很简单：正确的方法和练习。这是我的秘密，如果它能够被称作秘密的话。

  我的记忆力一直不好，所以我才想方设法地寻找记忆的方法。参加世界记忆锦标赛的选手都不认为自己的记忆力生来非凡，但大家都拥有好的记忆技巧。

  在学校里，学生如果没有好的学习技巧，老师再努力也没办法让学生爱上学习。

  我常常有这样的感觉：孩子踏入学校的那一刻，就像不会开飞机的成年人坐在飞机上，然后听到有人对他说"现在起飞吧"。

  在这种情况下，大多数成年人都会感到恐慌。同样，孩子们面对学习也会不知所措。此时，他们自然会询问自己的父母，希望从父母那里得到有效的解决方案。毕竟在他们眼中，无论是衣食还是住行，父母总能为他们解决所有的难题。当然，父母也会力所能及地为孩子提供最好的一切。

尽管父母希望能在学习方面帮到孩子，可是现实是：他们爱莫能助，只能给予孩子"不要焦虑"的建议，然后在生活上用爱弥补，因为他们也不知道什么是好的学习方法。最后，孩子从父母那里得到了爱，从老师那里得到了知识，却无处获得正确的学习方法。

然而，学习方法是基础，父母的爱和老师教授的知识都不能取而代之。

现在，我为大家带来了好消息！我可以帮助大家解决这个难题，你要做的就是和孩子一起阅读这本书。读完这本书，你们的记忆能力都会有所提升，你会发现自己前所未有的潜力。

祝你阅读愉快。

目 录

第四章　学习方法与记忆技巧在不同学科中的应用

第五章　走向卓越

怎样让自己进入学习状态

第一章

提高专注力

在学习中最常遇到的困难是什么

在解决困难之前，要先了解困难。

让我们先从了解每个人在学习过程中遇到的困难开始。

我进行过一次网络提问调查，问题是："您或您的孩子在学习中最常遇到的困难是什么？"

这是一道开放题，我没有提供答案选项，因此每个人都可以无限制地、真诚自由地回答。

以下是最常见的10个答案。

1. 枯燥、乏味

2. 注意力不集中

3. 缺乏兴趣

4. 缺乏动力

5. 缺乏专注力

6. 缺乏方法

7. 无法识别重点

8．无法记忆

9．缺少正确的学习途径

10．焦虑

如果我们希望提高汽车的行驶速度，就会试图调整发动机，但往往忽略了汽车的轮胎可能已经被卡住了。同样的，在探索最佳的学习方法之前，我们应当先解开禁锢学习的枷锁。

禁锢学习的枷锁

现在，我们就来学学如何解开禁锢学习的枷锁。通过观察下面的图1-1，我们可以清楚地了解这些枷锁是如何形成的。

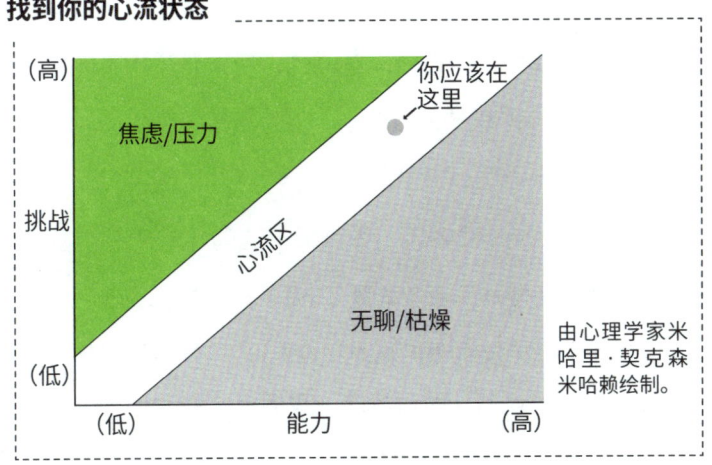

图1-1

如果学习带来的挑战远远低于你的能力，你会觉得学习很无聊。如果学习带来的挑战远远超出你的能力，你会感到焦虑。无论是无聊还是焦虑，都是禁锢学习的枷锁。

为了加深理解，我要先问一个问题："你是否曾经讨厌过某个学科，而当这个学科更换老师以后，你突然发现其实它很有趣？"

学科还是那个学科，但我们的感受变了，为什么会这样呢？

记得我上大学时，真的特别讨厌高数1！高中薄弱的数学基础，加上缺少学习方法，导致我需要花费很多时间来准备这门学科的考试。更主要的是，我无法忍受教这门课的教授。每次向他请教问题，他都会用居高临下的姿态回答，就像我问了一个连幼儿园小朋友都知道的问题似的，后来我再也不问他任何问题了。但这对我没有任何好处，因为我得花更长的时间来进行自我消化。

通过高数1的考试之后，我真想把这门课的所有内容都抛之脑后。但我还得继续通过高数2的考试，于是，我决定一鼓作气，继续学下去。按常理，我的高数2一定会学得更糟糕，但相反，令我惊讶的是，我发现这门课真的很美妙……说美妙可能有点儿夸张了，但的确是趣味横生、通俗易懂。

因为这门课的教授换了，换成了一位充满激情的、教学水平高超的教授。他对学生的要求非常严格，而且非常乐意答疑解惑。因此，我们也想尽可能地学好这门课，正如他不想让我们失望一样，我们也不想让他失望。

他对每一位学生都高标准、严要求。他是我在人生旅途中遇到过的最为印象深刻的老师之一。

这是我个人的经历，但我相信，一定有很多人遇到过类似的情况。

为何学习时缺乏专注力

我经常听到家长抱怨他们的孩子缺乏专注力。面对这种情况，我总是淡然处之，告诉他们，这在年轻一代当中非常普遍。

我问家长："可以问您几个关于孩子的问题吗？"家长回答说："当然可以。"接着我一般会问："孩子平时喜欢做什么？"如果是男孩家长，答案往往是玩游戏机或踢足球；如果是女孩家长，则答案是和朋友聊天或跳舞。

我又问他们："孩子能在自己感兴趣的事物上投入多少时间？"大多数父母都认为，如果不施以限制，孩子可以不受干扰地花几小时做这些事情。我立刻提醒他们："您口中这个人，和那个在书桌前坐20分钟都无法坚持的人，是同一个吗？"家长们都愣住了。

许多学生并非无法做到集中注意力，而是缺乏学习的参与感。在课上，老师多一些与学生的互动与交流，就能让学生有学习参与感的体验，提高学习兴趣，从而提升学习成绩。

为什么在做自己感兴趣的事情时，我们可以保持长时间的专注，甚至意识不到时间的流逝呢？如果我们完全沉浸于某件事情，对它兴趣盎然，的确会发生这种情况。如果我们有挑战精神，或是想证明自己有能力做这件事，希望取得我们觉得唾手可得，但其实需要付出大量努力才能实现的结果时，也会发生这种情况。在这种状态下，我们的大脑处于心流状态，全身心地投入正在做的事情中，就会失去时间意识，没有什么可以打断我们。

是什么让我们得以进入这种状态呢？只要我们具备的能力与所面临的挑战难度相当，这种状态就会出现。

以体育运动为例。我不知道你是否是一名运动员，但请你想象自己是一个成日久坐、完全不爱运动的人。如果你被要求替代一名受伤的运动员参加奥运会，你的心情会是怎样的？显然，你会处于高度紧张、恐慌的状态，认为自己绝对无法胜任。由此就会产生焦虑，抗拒面对眼前的状况。

想象一个不懂英语的销售经理被要求用英语与客户对话。很明显，这超出了他的能力范围，他害怕给人留下糟糕的印象，因此产生了巨大的压力。

孩子们在面对提问时也是如此，他们知道自己准备得不充分，背诵不出知识点，无法消化前一天所学习的知识。他们希望避免这种情况，却无法做到，因此就会把这种经历与一种消极的情绪联系起来，产生强烈的不适感。

再从反面来想象一下，如果一个非常优秀的运动员被要求参加一个比自身水平低得多的比赛，比如一个英超联赛的足球运动员在当地的少年队踢球，他一定会感到厌倦，不愿意付出最大的努力。

这一情形同样适用于一个公司董事却被安排负责复印工作，也可能发生在一个觉得学校课程无聊透顶的孩子身上。他明明有出色的创造力和极高的水平，却在教室安静地待上几小时，听一些自己不感兴趣的话题，这无疑是一种煎熬。

记得小时候，对我来说参加周日的弥撒比学习更加无聊。妈妈总是以一种威胁的方式劝我"自愿"参加弥撒："要么就去做弥撒，否则一个星期不许骑自行车。"最后，我受到的惩罚是双重的。因为在做弥撒时，我为了打发无聊的时间，总会做些调皮捣蛋的事情，所以还是会被罚一个星期不能骑自行车。

我一直不明白，为什么非要让一个爱玩的孩子以乏味的方式做一些明明可能有趣的事情。这只会让孩子更加厌恶这些事情。我想，最适合的回答应该是："没关系，如果你不喜欢，那就不要喜欢了。如果这件事让我感到无聊透顶，我也不会喜欢它。"

我们可以想想办法，比如换个老师，让原本枯燥的科目变得更有吸引力一些。当然，我们可能很难随意换老师，但可以改变我们对待这门科目的态度。

如何进入心流状态

如何进入心流状态？我觉得小朋友玩电子游戏就是最具代表性的例子。

为什么在玩电子游戏的时候很容易进入这种状态呢？这是因为游戏的难度等级与玩家的竞技水平成正比。我们没有时间考虑其他事情，只要分心一秒钟，就会受到游戏设定的某种惩罚。另一方面，一旦你通过某一个关卡，下一关只会比上一关更难一些，并不需要额外的技巧。想象一下，如果相邻级别之间的难度差距太大，会发生什么？是的，游戏者会放弃游戏。

体育运动也是如此。如果我和一个与自己同水平的人竞争，就会感到刺激，会意识到必须全力以赴才能获胜。如果对手比我强一点点，我将竭尽所能。而如果对手比我强太多，那我一定不会接受挑战，因为我早已预料到了结果，我会让他不费吹灰之力取得胜利。

那么心流状态究竟是什么呢？这是一种心理状态，即我们能够完全集中精力，全神贯注于自己正在做的事情，忘记时间的流逝。想象或尝试观察小朋友玩游戏机的场景，抑或两个棋手对弈的画面，你就会得到更具象的感受了。

现在让我们看看是什么因素决定了我们进入心流状态。

——持续时间

——兴趣

——参与感

——挑战感（展示自己的最佳状态）

——明确的目标

持续时间

持续时间不是决定性的，但能起到关键作用。一款游戏再令人上瘾，集中精力玩4小时以后，我们的身体也会需要休息。

托尼·布赞是记忆术专家和思维导图的发明人，他的著作专门讨论了学习过程中记忆信息的能力，详见图1-2。

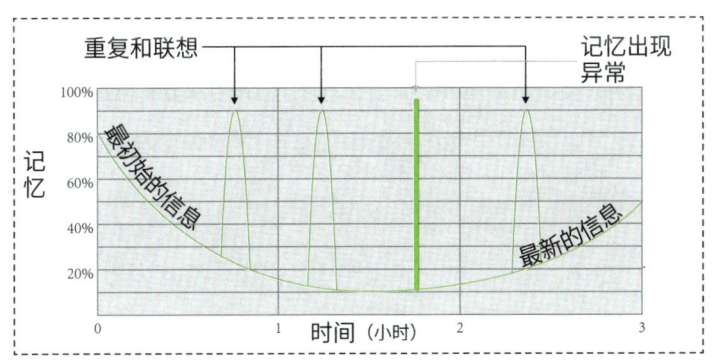

图1-2

从图1-2中我们可以清晰地观察到，人们最不容易忘记的是最初始的信息和最新的信息。此外，我们也能顺利回忆起所有能以某种方式建立联系的信息，以及曾让我们感到惊奇或触及我们情感的信息。

举个例子，如果给你一份写有20个词语的清单，你可能会清楚地记住前面三四个词、最后两三个词，以及那些可以通过发音或概念建立起联系的词语。比如：奶油和奶奶（发音相似），锄头和钉耙（概念的联系）。即使它们在清单中的位置并不相近，你也很容易记住它们，只要听到其中一个词，就会立马联想起另一个。

此外，你能够记住令你产生情感共鸣的词语。如果你会演奏大提琴，那么"大提琴"这个词的出现，一定会给你留下深刻的印象。

注意，请你在透彻地理解图1-2后，再继续阅读下面的内容。很多时候，我们自以为已经掌握了某些知识，但事实并非如此，直到我们必须向他人阐述相关内容，才发现自己根本做不到。

其实，学习的持续时间不应当超过40分钟。如果我们持续学习7小时，就会像图1-3一样。

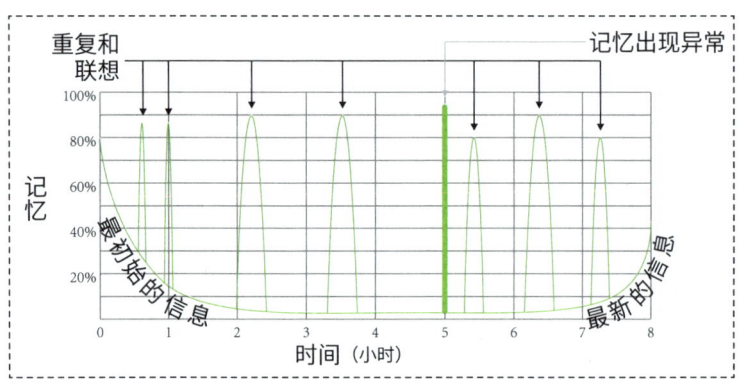

图1-3

在学习的大部分时间里，我们记忆信息的能力是非常有限的。

要想让孩子在有限的时间里保持专注，可以选择一个孩子喜欢的计时器，设定40分钟的学习时间，这样能够帮助他们提高效率，保持在心流状态。当然，手机里也有一些应用程序可以取代计时器，都是十分有效的。

当孩子知道自己只需要坚持40分钟，就能十分接近自己的目标时，他便会更有动力和激情努力达到这个目标。

此外，想要更好地集中注意力，还要消除一切可能分散注意力的因素，例如电话、电子邮件、社交软件、短信等。

在40分钟的专注时间内，应当避免其他任何事情的干扰，这是一条绝佳的经验法则。这就好比参加摩托车比赛，每一秒钟你都绷紧了弦，全神贯注，绝不会停下来欣赏风景。此时此刻，正在写作的我也践行着这一法则：我在电脑上设置了计时器，现在我还有23分钟的写作时间，写完就可以放松一下，休息片刻后再继续工作。

休息，也至关重要。从图1-4可以看出，休息对学习大有裨益。每隔40分钟休息一次，会大大增加"记忆"区域。深橙色部分代表你原来能够记住的信息，浅橙色部分则代表你能够记忆的额外信息，这两部分的增大都要归功于休息。强迫自己坐下并埋头苦干，只会适得其反。当专注力减弱时，记忆信息的能力也会随之减弱。这就像在体育运动中，体能恢复也是训练的一部分！

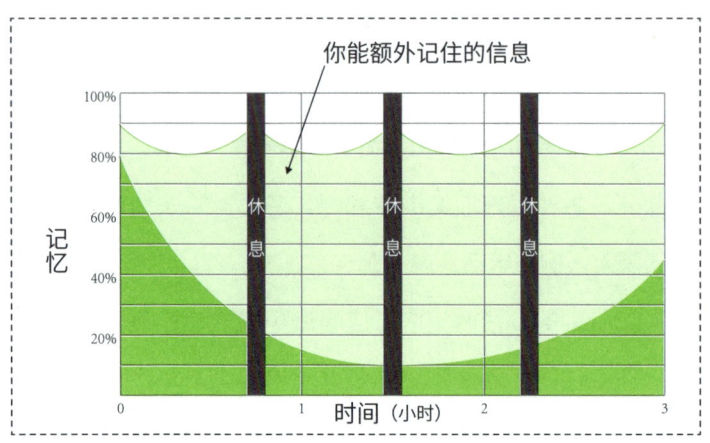

图1-4

兴趣

如果学习内容无法令我们产生兴趣，那我们就没办法学好它。

但是，我们可以自我反省，想办法对它产生兴趣。首先，我们可以问问自己："要怎样才能使所学的内容变得更加有趣呢？"或者问一问："要怎样才能听一遍就记住呢？"

很多时候，实践比理论更有趣。在实践中学到的东西也更有助于理解理论知识。此外，孩子天生好奇心强，喜欢动手实践。通过书本的解释记住星星的名字，与通过望远镜观察天空的星星，其意义截然不同；看一部关于鱼类的纪录片，比单纯通过书本研究鱼类要好。

无论面对何种问题，都试着为你的孩子找到最有趣的学习方式吧！最枯燥的肯定是看书籍，然后是看纪录片，而亲身经历不仅趣味盎然，还会给人留下不可磨灭的记忆。要知道，直接带孩子去水族馆研究鱼类所学到的东西，是在书本上研究一整个下午都学不到的。

参与感

让孩子感受到自己是学习中的重要部分，这一点至关重要，但并不那么容易付诸实践。孩子在学校里只是一个被动的参与者，如果这门课讲得还算有趣，他们就能有参与感。但假如他们不喜欢这门课，那么怎么才能让他们感受到自己是重要的参与者呢？

首先，让我们假设孩子都是希望感受到自己的重要性的，他们希望自己是他人关注的焦点。即便是一个害羞的孩子，实际上也是在利用害羞来吸引人们的目光。因为每当有人质疑他是个害羞的人时，这也是在关注他。他们希望自己是主角，希望自己被他人重视，因此不要让他们一直向别人学习，不要让他们感觉自己不如别人。

如果孩子需要学习某一门科目，你可以拜托他向你讲解这门课的内容，并感谢他让你学到了新东西。这样，他就会觉得自己特别重要。如果你"演技"过关，你会发现他是多么努力地想教会你。告诉他，如果没有他的讲解，你就不会明白这些知识，你期待着从他那里学习更多新鲜事物。

挑战感

适当提升学习难度，也是进入心流状态的一种方式。譬如前文示例中玩游戏的孩子，如果他的游戏等级已经达到7级，那么他再去玩1级的关卡就会觉得很无聊。

那么如何在学习方面运用这种方式呢？我们可以在时间因素上做文章。假如我们需要学习一首既没有什么难度，也无法吸引我们的诗歌，为了令学习更具挑战性，我们可以给自己限定一个挑战自我的时间，强迫自己奋力一搏。

我们如果能够将挑战意识融入学习，就会取得令人难以置信的成果。如果您的孩子是个好胜心强的人，那就更棒了。试试对他说："我们来比赛吧，看看谁能先学会！"

当我们拥有参与感和责任感时，我们就会渴望付诸努力，通过自己辛勤的汗水收获成果。

明确的目标

想要进入心流状态，还有一个关键点需要明确——我们追求的目标是什么。要做到这一点，必须提前为这40分钟的学习设定目标。

　　我们可以在学习的一开始就写下自己的目标，例如"学到第7页"或"我希望能向别人解释欧几里得定理"，如此，我们就有了追求的目标。

　　如果心中没有明确的目标，我们就很容易在学习时分散注意力。例如，你可能会发现，当你在互联网上搜索资料时，会被那些引人注目的广告和新闻吸引，然后忍不住点击浏览。

　　此外，如果目标不够明确，我们很容易迷失在一个又一个新奇的新闻中……发现自己点开一个又一个网页，我们不由得产生疑惑：我最开始是想查找什么来着？

　　很多信息都会分散我们的注意力，令我们偏离最初的方向。有趣的是，大多数时候，它们都会成功夺走我们的注意力，甚至会让我们沉浸在与学习无关的内容中。

　　目标越清晰明确且具有挑战性，就越容易实现。但前提是，这个目标对我们来说是可以实现的，是与我们的能力相符的，否则我们有可能会半途而废。如果设定的目标不具备上述特征，我们会萌生出"我到底在干什么？"这样的想法，从而无法保持全神贯注的状态，无法高效地学习。

　　以参加自行车赛的运动员为例，他们在到达十字路口时，不必纠结该走哪条路。比赛的路线清晰，标识明显，这使得运动员能够专注于他最擅长的事情——骑车，从而在比赛中充分发挥潜力。

　　如果我们的学习目标同样清晰，那么我们就可以专注于学习该内容，在最短的时间内以最佳的方式进行学习。

使用正确的学习方法才能提高效率

上大学时，我总是无法理解为什么教授向我传授了许多知识，却从未告诉我学习这些知识的最佳方法。不仅如此，也从未有人问我学习书本中的某一页的内容需要花多长时间。

我曾经参加越野赛，教练告诉我如何以最佳方式完成比赛。他为我拍摄训练视频，并仔细地观看，指出我的纰漏与错误动作……然后他向我展示正确的做法和最佳线路。

因为听取了教练的所有建议，所以我完成一圈比赛的时间减少了，并且取得了更优异的成绩。于是，我开始相信并依赖他的建议，因为我明白，他说的每句话都是为了进一步提升我的成绩。

实际上，没有什么比收获成果更能激发人的动力。当一个人致力于某件事，投入时间和精力，且拥有良好的策略时，他自然会收获成功。问题是，很多时候，孩子们在学校里付出了很多努力，花费了许多时间学习，但由于没有学习策略，不知道如何进行学习，致使得不到理想的结果，因此变得士气低落。

努力和效率之间存在很大的区别。许多人拼命努力，却根本没有效果，这很可能就是因为没有使用正确的方法。

我在上课时常常会举粉刷房间的例子。

大多数人在粉刷房间时，往往不先问最佳工具是什么，而是直接开始粉刷。如果他只知道蜡笔，他就会开始用蜡笔粉刷。他认真仔细地涂抹，最后可能得到了一个不错的结果，但同时他也付出了大量的精力和时间。

如果有人能告诉你粉刷房间的最有效的方法，并提供所需要的一切工具，然后你再开始粉刷，那么他很有可能仅用原来十分之一的时间就粉刷完了。这样不仅能取得更好的效果，还能节省精力。

我问我的学生："你们用的工具是合适的吗？"

你的孩子是在用蜡笔粉刷房间，还是在用最新、最有效的滚筒刷粉刷房间？

看看信息技术的发展与革新，你就会意识到，今天我们所掌握的工具，足以让我们在更短的时间内完成更多事情。

交通的快速发展也是如此。数十年前，我们乘船从意大利到美国需要一个月的时间。但在今天，我们乘飞机从意大利到美国只需要几小时。

然而，在学习方面，我们仍在使用与过去相同的方法，阅读、画线、机械地重复，这是非常落后的。

我们为什么不能在学习方面也像高科技发展那样，用最好的工具，以最佳的方式，在最短的时间内学习五花八门的知识呢？图1-5这幅学习金字塔图来自心理学家埃德加·戴尔的研究，将颠覆你对学习的看法。

学习金字塔

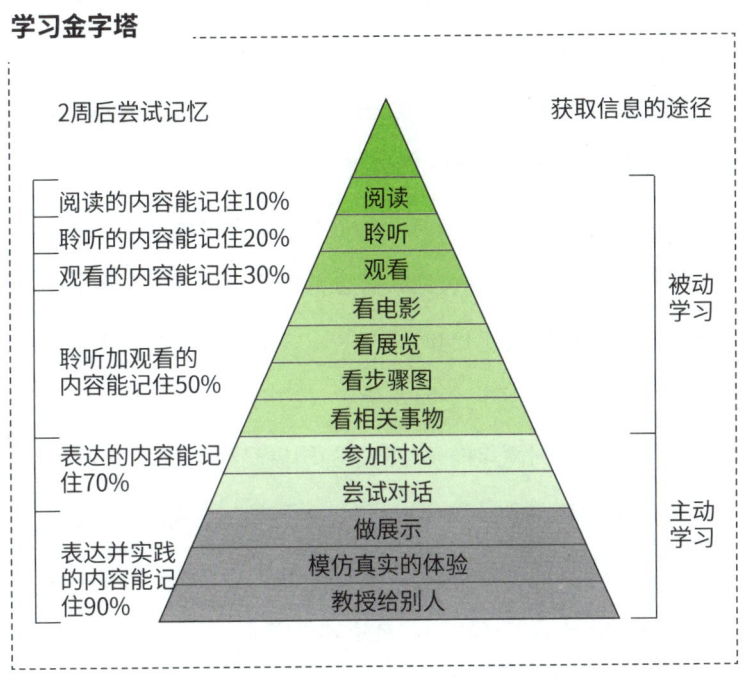

图1-5

如图1-5所示，获取信息的途径是多种多样的，有些十分有效，有些则不然。很明显，较常用的学习方式往往也是效率比较低的。

首先，金字塔分为两个部分：一部分为被动学习；另一部分为主动学习。显然，当人被动地接受信息时，知识在脑海中的记忆率要低得多。左边一栏的数字代表着在我们参照金字塔中的相应方式学习2周后，能够记住的信息的平均百分比。

尽管我拥有速读的技能，能够以常人5倍的速读阅读，我却很少读书。许多人认为这是一种遗憾，他们觉得如果他们也掌握了速读的技巧，一定会读更多书。但后来，他们也发现阅读速度越快，越不能长久地记忆信息。

有时我会被提问到这样的问题："拥有速读技巧，我就能记住所读的内容吗？我读到的信息会不会无法在我的脑海中留下痕迹？"通常我会问他们另一个引人深思的问题作为回答："我想问问你，你还记得两年前读过的书吗？"这时，提问者才意识到，他们对两年前读过的书的印象已经所剩无几了。

有时我会听到别人这样说："我从图书馆借来一本书，发现里面有我的笔记和备忘录。如果不是我认出了自己的笔迹，我根本不记得自己读过这本书，真是太可惜了。"

发生这种情况，是因为当时读书的方式是被动的。这就是为什么我不怎么读书。对我来说，读书只是初级阶段，让我明白自己是否要继续深入研究这个问题，在这之后，我更喜欢使用学习金字塔中高效率的学习方法，也就是主动学习的方法。

我们在学校应该主动学习还是被动学习呢？

学校总是要求我们专心听讲，所以我们很难记住听到的内容。我们不需要使用金字塔图中的所有学习方法，只需直接采取最有效率的方式即可——将所学的知识教给别人。

我常常给我的学生如下建议："摆脱原有的学习目的，以教学为目的去学习。"

以教学为目的进行学习时，思维就会处在一个完全不同的层面。我们的脑海中会浮现出这样的问题："这部分要传递的理念是什么？""哪些内容是最晦涩难懂的？我要怎样学习才能教会他人？"

这就是所谓的"解释效应"，即学得最快的方式就是把自己所拥有的知识传授给另一个人，让他有能力将所学的知识再传授给自己。

我想先以我的亲身经历举个例子。不久前，我决定挑战一件世界上从来没有人能够做到的事情，即一边自由潜水，一边记忆一副扑克牌。

我没有读过任何关于自由潜水的书，但我问自己："谁是世界上最厉害的潜水者？"我想：那应该就是翁贝托·派蕾泽瑞（Umberto Pelizzari）吧。我设法与他取得了联系，询问他我能否跟着他训练。他回答说，机会比较渺茫，因为他经常出国旅行，只能偶尔与我见面。但他告诉我，如果我愿意，他可以请都灵大学的潜水老师朱利奥·卡西欧带我训练，那位老师是他团队的一员，值得信赖。

潜水从来都不是我所擅长的领域，第一次下水后，我只待了46秒就感觉自己快要窒息了。但经过短短几节课，现在我已经能够成功地在水下待4分43秒。他向我传授了一些令我惊讶的窍门："自由潜水在于放松和呼吸。你如果没法做到身心放松，就不要指望能获得好成绩……你需要进入一种放空状态。"他也从未告诉过我自由潜水的时间："不要总是想着时间，专注于在水中享受的感觉，时间只是一个结果。"

终于有一天，我觉得自己已经准备好在水下记忆扑克牌了。在不憋气的情况下，我记忆一副扑克牌大约需要1分钟，而当时的我已经可以在水下憋气3分30秒了。我简直不敢相信，在我看来，我并没有付出什么……朱利奥对我说："你瞧，如果你一开始就打算在水下憋气2分钟，并用秒表来训练自己达到这个目标，那么一旦你撑到2分钟，就会觉得自己已经完成了任务，放弃继续憋气。但其实你并没有发挥出你的最大潜力，没有达到你的极限。"

向业内最优秀的人学习，不仅可以节省许多时间，更快地实现目标，还能避免一些不必要的错误。我们可以从经验丰富的人那里得到建议。

在记忆方面，我也采取了同样的策略——向最优秀的人看齐。为了学习快速记忆并参加世界记忆锦标赛，我8次邀请世界记忆大师多米尼克·奥布莱恩（现在他不再参赛了）帮助我训练。

图1-6

单纯通过阅读书籍，你永远不可能学会在水下生存，最好的方法是亲身体验。这是我们从现在开始要使用的学习方式，我希望你能把它教给你的孩子。他将在实践中收获技能，并将他所学会的东西教给他人。

学会规划学习时间

第二章

学习方法

恰当的学习方法是克服学习难题的必要条件，本章将详尽地介绍并解释各种学习方法。

让身体和大脑进入学习状态的方法

首先让我们讨论有关学习方法的第一点，即主动的态度。这一点可以从两个角度讨论——身体和大脑。

站立学习法——让身体进入学习状态

我们的姿势必须是积极的，即时刻准备好学习。

如果你躺在沙发上学习，那么所花费的时间将远远超过真正需要的时间。很多时候，与其说是在学习，不如说自己只是"告诉自己在学习"。你脑子里的想法可能是"我应该学习，但是我好困"，所以你认为躺着学习是同时满足两种需求的正确解决方案。而实际上，这种做法既不能补觉，也不能让我们有效地学习。

我建议先休息一下，然后以良好的身体状态投入学习。

　　我在备战记忆竞赛时，如果睡眠不足，获取信息的速度就会慢很多。我经常会在记忆竞赛前的几周非常繁忙，有课程、会议，忙碌一整个白天后才能开始训练，也许是在吃完晚饭后，也许是在回复完必须回复的电子邮件后，总之非常非常晚。在那种疲惫的状态下，我记忆数字的时间几乎长了一倍。睡眠的重要性是毋庸置疑的。你越神清气爽，就越容易获取信息。你可以睡得很少，但如果我们的工作需要动脑，那还是多多休息比较好。

　　因此，拥有适当的睡眠时间是很重要的，这样才能在学校精神焕发、反应灵敏。

　　我还经常建议大家站着学习，或者到黑板前讲解一下，但得到的反馈基本都是"这样很累"。我知道坐在椅子上更舒服，但站着可以避免三心二意，使精神集中，尽快记住学习内容。这样可以提前完成一天的学习，剩下的时间就能用来休息或者出去玩。

　　我们追求的不是舒适的过程，而是学习结果。当你意识到通过这样的做法，能够在短时间内学习完，然后自由地做其他想做的事情时，我保证你会愿意站着学习。

　　这是让身体进入学习状态的方法，接下来让我们看看如何让大脑进入学习状态。

"为什么"学习法——让大脑进入学习状态

大多数人认为，学习是一件被动的事情，需要被动地等待信息进入我们的大脑。例如在学习英语或其他外语时，传统的学习方法都是阅读与反复背诵，不断用知识轰炸我们的大脑。显然，这种学习方法不仅枯燥、耗时，而且效果有限。因为在大多数情况下，与这种学习方式相关联的情绪是无聊、焦虑且沮丧。我说过很多次，这些情绪都是我们在脱离学习状态时才会感知到的。

图2-1

为这个遭受信息轰炸的球体——你的大脑设身处地地想—

下。如果你处在它的位置上会是什么感觉？很可能你会感觉到被攻击。在这种情况下，你会怎么做呢？可能会保护自己或逃跑。是的，我们的大脑也想防卫或逃跑。这就是为什么很多人一有机会就会逃课，因为学习令他们产生一种大脑正在遭受轰炸的联想，这使得学习成了一件令人想要尽快逃避的事情。

精神上的活跃意味着大脑能主动寻求信息而不是被动接收信息。孩子总是拥有强烈的好奇心。我们必须持续刺激这种好奇心，让孩子有动力探索万事万物。

成年人总是对各种"为什么"感到厌烦，但对儿童来说，这是非常有效的学习方式。成年人总是会毫不怀疑地接收任何信息，而不提出任何问题。例如，每个人都知道将手机与电脑或汽车音响连接的系统被称为蓝牙，但很少有人提问："为什么叫作蓝牙呢？"

因此，当你的孩子面对一本书或一个新的话题时，首先要做的是激发他的好奇心，请他提出问题，这样他的大脑才会活跃。让他们问问自己：**"关于这个主题我了解多少？"**

这样，他的大脑就会开始搜索已经掌握的关于这个主题的所有信息，然后让已知的知识与正在学习的知识建立联系，这会令他更容易吸收新知识。通过这种方式，他的大脑将时刻准备接收新的信息。这就好比在已经犁过且施过肥的土壤上播种，一定比在其他随便哪块土壤上随意播种更容易有收获。

　　我们要让孩子问自己的另一个问题是："**在接下来的阅读中，我最想了解的问题有哪些？**"

　　想象一下，你即将观看一部关于某个主题的纪录片，你问自己："这部纪录片讲的是什么？"或者"如果有一个非常了解这个主题的人，我会问他什么问题？"这时，我们的大脑会好奇地寻找答案，并准备接收答案。20%的问题能为我们带来80%的知识。20∶80的比例是一个与效率有关的基本概念，又被称为帕累托法则。意大利经济学家帕累托发现了该法则在经济学方面的价值，现在该法则的应用已经扩展到了生活中的各个领域。

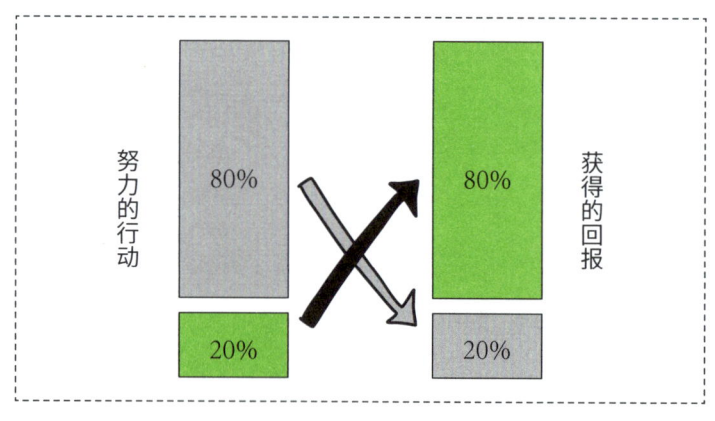

图2-2

　　商业领域中常常出现这样的现象：一家公司能够凭借20%

的产品或20%的客户，产生80%的营业额。接着人们发现，这种关系在其他领域依然适用。而对孩子的学习来说，需要学习的全部内容里，其实只有20%的内容是重点。

以一场战争为例，看看如何用20%的努力获得80%的回报。

你可以使用以下5个简单的问题作为模板。

（1）谁？

（2）如何？

（3）在哪里？

（4）什么时候？

（5）为什么？

那么，关于战争的问题，就可以是以下5点。

（1）有哪些人参与这场战争，是谁和谁之间的矛盾，是谁造成的？

（2）它是如何发生的？

（3）它在哪里发生？是在同一个地方还是几个地方？战线有变化吗？

（4）它是什么时候爆发的？又是什么时候结束的？

（5）战争爆发的原因是什么？造成了什么样的后果？

这些问题能够激活孩子的思维，因为他们渴望得到答案，并由此进入一种敏感且充满好奇的状态。他们在阅读的过程中想要找到对应的答案时，就会更集中注意力。

因此，学习好的秘诀之一是会提问。你可以利用孩子上学和放学路上的时间进行提问。

如果你和孩子在放学的路上，他告诉你，他将要学习关于非洲的知识，那么你就可以问他一些关于非洲的问题。

（1）谁住在非洲？不要局限于最简单的、立马就能想到的答案"非洲人"，而是要深入探讨，激发更多的问题和灵感，比如："还有谁住在非洲？""有没有我们认识的人生活在非洲？"……这样一来，大脑就会自动开始搜索，一定会有新的答案。你会发现，如果找不到这些问题的答案，思维就会一直被调动，大脑无时无刻不在搜索、寻找一些联系……你可能会想起你见过的某张音乐海报，上面印着黑人的照片。你的孩子会说："是啊，那些唱歌的人住在非洲。"或者他会想起在电视上看到的某部纪录片，说："狮子和长颈鹿生活在非洲。"

（2）人们在非洲是如何生活的？他们每天都去办公室吗？还是在田地里干活？抑或是整天都在唱歌？非洲的天气是炎热还是凉爽？在非洲可以开展哪些活动？非洲人有哪些资源可以利用？

（3）与我们生活的地方相比，非洲在什么方位？非洲的哪些地方有人居住？居民区是分布在各处，还是集中在特定的区域？

（4）非洲是何时出现的？非洲什么时候下雪？那里的人们

什么时候起床，什么时候睡觉？那里的人们什么时候去工作或上学？

（5）为什么非洲被称为非洲？

所有这些问题都有助于活跃思维，使我们意识到，其实我们已经掌握了一些关于非洲的情况。

在用提问激发好奇心这一阶段，第三个有用的问题是：**关于我最想了解的问题，可能会有哪些答案？**

我们可以针对这一点自由地提出假设，不必担心出错或受到批评。如此一来，我们阅读时，就会好奇我们的假设是否正确，是否接近事实，由此期待在书中寻找到正确的答案。

这就是我所说的让大脑进入学习状态。

合理规划时间

我们必须对学习时间进行合理规划，以最大限度地提高学习效率。

学习时间的划分

还记得我在本书开头所述的内容吗？什么是进入心流状态的首要因素之一？答案是高效的学习时间。因此，我们在学习时需要划分学习时间。

——学习40分钟。

——休息15分钟。

——用5分钟回顾前40分钟的学习内容。

这意味着，如果我需要研究某一章的内容，我不会盲目地从头读到尾。我会注意观察时间，学习40分钟后，无论学到哪里，我都会暂停下来，休息一会儿。这样我的专注力就能始终保持在高水平。

　　许多学生一开始学习时总是信心满满，埋头苦读，不断地重复，强迫自己持续学习好几个小时，直到完成任务。他们心想：终于可以休息一会儿了，之后再复习一下就可以了。

　　然而，事实上，他们很快就会发现，这不仅仅是复习一下的问题，而是必须重新学习一遍，因为他们压根儿没记住什么东西。想象一下，坐在那里持续学习5小时，读到的大部分信息很难回忆出来。请看图2-3。

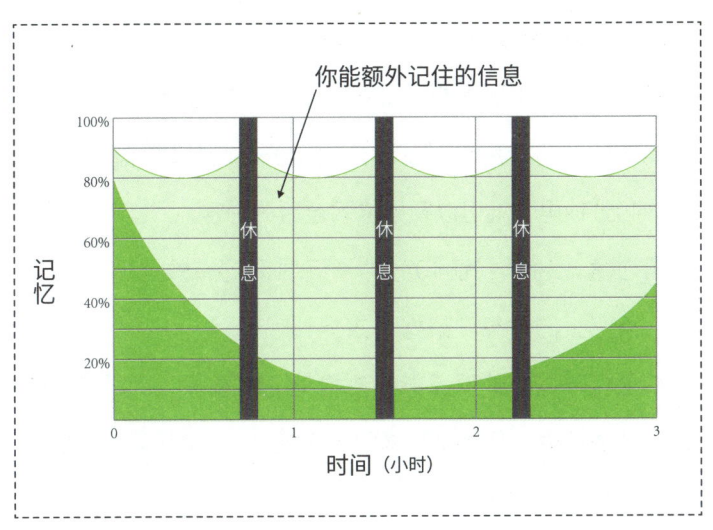

图2-3

　　如果你的孩子不休息，他就会遗忘图2-3中浅橙色区域的信息。休息时间很关键！我说过，要想在运动中取得优异成绩，休息时间与训练时间同样重要。学习也是如此。

因此，如果你的孩子必须从14点学习到19点，学习5小时，你必须帮助他合理安排这5小时。参考第36页所讲的学习时间划分法，我们可以这样安排：在17：00至18：00的学习周期内，让孩子从17：00到17：40学习40分钟，然后休息15分钟，再在17：55到18：00的5分钟内复习17：00至17：40所学的重点内容。

在5分钟的复习过程中，不需要重读刚刚所学的全部内容，只提取关键词，看看是否已经理解那些知识即可。

时间安排也不要死板。如果还差几行或者半页就能完成某部分内容的学习，那也可以适当地延长一点儿时间。这样在接下来的40分钟里，就可以开始学习全新的内容。

请注意，为了保证40分钟学习时间的有效性，休息必须是真正意义上的休息。最好是去户外呼吸一下新鲜空气，遛遛狗，或是做一些其他真正能够放松身心的事情。不要打开电视或登录社交软件，因为这些娱乐活动会使人脱离学习的专注状态。你会发现，孩子不想学习的时候，可能会一整个下午都沉浸于娱乐活动中。

我在撰写这本书时，也在实践着我教给你们的这一方法。我把写作过程分成一个又一个40分钟，每40分钟至少写800字，休息15分钟，然后花5分钟检查前40分钟所写的内容，以使整体语言更流畅。如果我发现还差几句话就能写完某个章节，那么我会多花10分钟写完，接下来我就能休息得更加坦然。我们的大脑追求完整性，因此更希望能有所收获。

我们可以从第37页的图2-3中观察到：在40分钟内，记忆信息的能力呈下降趋势。如果想要记忆更多信息，我们可以在所学内容之间，或者让所学内容与生活中发生的事件建立起思维联系。

我们能够记住最先学到的和最后学到的内容，至于其他部分，我们能够记住的就是那些可以以某种方式相互联系的内容。

为了确保孩子在40分钟内尽可能地记住所学的知识，并在日后能够回忆起这些知识，最好的办法就是帮助其建立联想，即将知识与现实生活联系起来。例如学习有关河流的知识，学到有些河流会在入海口形成三角洲，此时可以请孩子想一想他所知道的并看到过的流入大海的河流，激发他展开联想，向他提出问题："你在假期时看到的那条河是怎么流的？""河流只能流入大海吗？还是也能流入湖泊？""如果流入湖泊，还叫作入海口吗？还是有别的名字？"

我们要做的是理解知识，而不是死记硬背。你应该也注意到，图2-3显示的是学习期间的记忆能力。也就是说，如果我们能在学习40分钟后立即回忆起这些知识，不是因为我们已经记住了它，而是因为我们理解了它。

周计划

我们已经学会了如何分配1小时的学习时间，接下来看看如何进行一周的时间管理。

有时，即便是大学生也无法做好时间规划，这是因为他们在小时候没有养成良好的习惯。在学龄早期让孩子掌握一些生活中不可或缺的技能，能够对他产生巨大的影响。想想看，对于一个从小就学习外语的人来说，说外语是多么容易的事。成年人在面对未知时更容易产生畏惧心理，更加紧张和不自在。

学会如何规划时间便是一项基本的技能。让你的孩子从小学习、练习如何规划时间，这样他就会有更多的时间玩耍，做自己喜欢的事情，他的生活会更加丰富多彩。

首先，我们需要关注一整周的计划表。日程本在开头几页会有一周计划表，接着才是每一天的单独页面。大多数学生习惯在每日计划上写下当天的任务，却忘了提前进行一整周的计划。

每日计划只能提示当天的任务，只要你的孩子完成了当天的家庭作业，他就会觉得问心无愧，可以自由地玩耍。然而，这意味着有些时候他可能突然发现自己还有很多任务需要完成。如果他忘记了第二天有两场考试，直到吃完晚饭才想起来，他就不得不复习到深夜。要知道，睡眠不足不利于学习，我们都希望孩子能早点儿睡觉。但如果他坚持要学习呢？更不用说有时候，一想到第二天考试，孩子就会紧张得睡不着觉了。有些孩子会在第二天一大早起床复习，有些孩子会找借口不去上学，这都是因为他们觉得自己没有准备充分，害怕成绩太差，令父母失望，或是给同学留下糟糕的印象。而如果他们在学龄早期就学会了提前计划，他们就不会有这些担心。

这么多年来，我从来没有遇到过一个学生因糟糕的成绩而扬扬自得的。我们都希望能在短时间内汲取知识并取得好成绩，但对许多学生来说，在学校获得优异表现的代价太高了，他们需要经受无聊、沮丧、焦虑，因此他们宁愿承担不学习的后果。

图2-4是一周计划表的范本，供你参考，什么时候要考试，什么时候学习何种科目，一目了然。

提前预习是重要的学习策略之一。大多数学生总是磨蹭到最后一刻才开始学习，因此常常无法按计划完成学习任务。在每周计划中，每天下午要复习上午学过的科目；要重新组织自己的思维，完成作业，绘制思维导图（我们将在后文介绍如何绘制思维导图）；还要预习第二天的科目。

课程表

时间 \ 星期	星期一	星期二	星期三	星期四	星期五
08:00—08:40	艺术	语法	技术	数学	语法
09:50—10:30	科学	数学	物理	音乐	法语
10:30—10:50	休息				
10:50—11:30	体育	文学	地质学	体育	英语
11:40—12:20	地质学	法语	音乐	科学	技术
12:20—13:50	午餐　休息				
13:50—14:30	文选阅读	科学	语法	文选阅读	历史
14:30—15:10	英语			地理	
15:20—16:00	地理			培训活动	

时间 \ 星期	星期一	星期二	星期三	星期四	星期五	星期六
10：00—10：20						地理
10：20—10：40						音乐
10：40—11：00						休息
11：00—11：20						查漏补缺
11：20—11：40						查漏补缺
11：40—12：40						休息
12：40—14：30						预习周一课程
14：30—14：50		语法	语法		英语	
14：50—15：10		历史	技术		文学	
15：10—15：30		休息	休息		休息	
15：30—15：50		法语	地质学		法语	
15：50—16：10		科学	音乐		历史	
16：10—16：30		休息			休息	
16：30—16：50		数学	休息		语法	
16：50—17：10		文学			技术	
17：10—17：30		休息			休息	
17：30—17：50	科学	英语		地理		
17：50—18：10	地质学	文选阅读		科学		
18：10—18：30	休息		运动	休息	运动	
18：30—18：50	地理			文选阅读		
18：50—19：10	艺术			数学		
19：10—19：30	休息					
19：30—20：10	预习第二天的课程					
20：10—21：30	晚餐 休息					

图2-4 一周计划示例

学校的课程表是固定的，重点在于我们如何安排在家学习的时间。

在开始学习之前，我们不仅要列好每周和每天的安排，还要绘制每个科目每小时的详细时间表。很多时候，学生并不知道自己实际需要多少时间来学习一页书。掌握这一策略，你的孩子将永远不会被繁重的课业淹没，将会轻松地完成作业，拥有足够的时间处理任何意外事件。

你要让孩子做到心中有数，明白在40分钟的学习时间内，到底能学多少页。例如，如果一章有30页，而我知道在40分钟内我可以学大约13页，那么我就可以假设自己需要3小时来学习这章的内容。

我不喜欢盲目夸张，从不假设自己稍微提高速度，就可以在2小时内完成所有的工作。我更习惯于确保目标是可以实现的，这样才能保持在心流状态。

例如，此刻，我正在进行第10个40分钟的循环，每个循环都比上一个循环的状态更好。我能在40分钟内写完大约1000字，如此，我知道我已经接近了每天写8000~10000字的目标。但想象一下，假使我的目标是每40分钟写1300字，就算我运气好、头脑清醒，最多也只能写1000字，无论怎样都达不到目标，那么一天结束后，我该有多么强烈的挫败感啊。

设定40分钟写完800~1000字的目标，来自于我对自我能力的合理判断。刚开始，我可以给自己计时，看看自己真实的写作速度，再结合实际情况进行修改。例如，我是否会因为需要插入图片，或是其他什么原因而放慢一点儿写作速度。我把预测好的范围设定为目标，就能让自己一整天处于心流状态。设定一个可以实现的目标，就可以鼓励自己达到这个目标，并坚持下去。

建议使用不同的颜色书写日程表，这样能将计划与特定的颜色联系起来。可以自由匹配颜色，但要让自己能够清晰地看到整个星期内每天的计划分布。

如果上午要根据学校的安排上5门课，那么下午就可以自由地按照自己喜欢的顺序和最实用的方式来复习。我建议从最具挑战性的科目开始。这样，在解决了最困难的科目后，我们就有精力和欲望去学习其他科目。

我们可以用难易交替法，这是一种可以激发动力的方法，因为它能够让我们迅速前进。先解决最大的困难，再面对容易些的关卡，这样我们就能体验到沿着下坡路冲刺的快感。在我们的待办事项清单上依次打钩，清单上剩余的项目就会越来越少了。这时，我们可以再次从剩下的项目中选择最具挑战性的那一个，然后依次选择容易的项目，如此反复，直到完成所有项目。

计划何时做自己喜欢的事情，并在日程表中标注出来，是一件美好的事情。如果没有计划，一些学生则会把个人时间用于赶作业或弥补落后的科目。但通过规划，你就能在周末拥有更多的闲暇时间，能够享受周末，并以全新的面貌进入新的一周。你会发现，通过这种方式，学习所需要的时间会少很多，而且你会主动想要提高学习效率。

有时候，我们一整个下午都一心扑在书本上，却直到晚上也学不完，不由得灰心丧气。我们会为自己没有做好准备而感到焦虑，甚至第二天不想去学校。关于这一问题，我来讲个亲身经历的故事吧。

这是发生在我个人身上的事情，现在回想起来，我依然羞愧万分。那是在学校的某一天，当时我还没有完全复习好，然而刚一上课，老师就宣布自己会讲一个知识点，然后进行提问。由于之前我没有被抽中回答过，因此被老师点名的概率非常高。那一刻，我内心惴惴不安，一想到可能会给老师留下一个糟糕的印象，我就开始自暴自弃了。当老师开始认真地讲课时，我掏出一支红笔，把墨水倒在手帕上，然后把手帕凑近鼻子，假装鼻子流血，溜去了洗手间。

时至今日，每每回想起那段经历，我都可以果断地说，我宁愿承担没有复习好的所有后果，也不愿以这种方式行事。我又想到，今天我是以一个成年人的心态，从另一个角度回忆这件事，但作为一个孩子，以当时的头脑和能力，是不是只能做出那样的举动呢？今天，谁知道还有多少孩子像当时的我一样，带着焦虑和恐惧的情绪在学校生活，不愿意面对现实呢？这都是因为他们还没有学会正确的学习方法。

因此，制订日程计划和周计划至关重要。很多人以为我记性很好，不会使用日程计划和周计划这类东西，但我很自豪自己经常使用它，对我来说，它非常有用。

日程计划不是记忆工具，而是用来规划时间的。我喜欢挤压生活中的每一秒，去完成更多事情，如果不使用日程计划和周计划，我能完成的事情肯定没有现在这么多。

所以说，如果你的孩子能善于制订和执行计划，那他将有更多的时间来选择和完成自己喜欢的事情。

经常有人反驳我说："我不想成为日程计划的'奴隶'。""我不希望我的儿子小小年纪就表现得像个'管理者'一样。"

对于第一个反对意见，我会回答说："计划是为了更清楚地了解做一件事所需的时间，所以它能帮助我们更好地管理自己。而日程计划实际上是我们的'助手'，并非'奴隶主'"。

对于第二个反对意见，我会回答说："生活迟早会要求孩子具有良好的规划能力的，所以最好从小就培养孩子拥有这种技能。"

我一直非常佩服和羡慕那些从不刻苦学习、经常出去玩，却依然表现突出的学生。我小时候一直以为，他们肯定有更多的学习工具，或者他们的家庭重视学习，家人可以辅导他们。但我从未想过，这可能是一个关于"不同学习方法"的问题，也许只要拥有正确的学习方法就可以实现。

如果你是一个科技型人才，而你的孩子又喜欢高科技，你就可以建议他们使用手机里的各种日历类应用程序来计划日程。我的建议是，你要让他习惯于关注一周内比较重要的事项，比如考试。这将使他有足够的时间复习，不至于临时抱佛脚。

提前做好规划也能保证孩子拥有足够的时间给同伴讲解自己学到的知识。我在前文中讲过，学习知识的最佳策略是让自己学到能向他人讲解的程度。通过良好的时间规划，孩子们能够在多次为他人讲解的过程中巩固知识。

此外，这种对时间的组织和规划最好不要在熟悉书本的大致内容和结构之前或与其同步进行。因为如果我们事先不知道自己需要学习多少内容，那么任何计划都是无效的。我们只有先看了目录，读了导言，了解了我们真正需要学习的内容之后，才能有效地进行时间规划。否则，就如同没想好去哪旅行就开启旅程一样。

学会略读

我们需要略读书本，以对所学内容形成一个整体的印象，这并不意味着我们要阅读全部的内容。有时候，可能只需阅读每一章的标题就足够了。

——阅读章节的标题。

——阅读章节末尾，看看是否有总结或需要回答的问题。

——阅读章节末尾，看看是否有大纲或总结性的概念图。

——阅读各段的标题。

——看图片、图表和相关注释。

——看使用特殊字体的关键词或句子。

如果章节末尾有练习题，那首先要做的是仔细阅读练习题。它通常写着这样的文字："学习本章后，你必须能够回答下列问题。"后面附着问题清单。

为什么略读很重要？因为我们往往可以在寻求这20%的问题时，掌握80%的知识。在前面的"为什么"学习法部分，我们是在假设关键问题可能是什么，而现在我们已经有现成的问题做引导了。如果章节末尾有总结，那就不再需要假设任何问题。我们可以直接阅读，向我们的头脑发出指令，了解哪些是整个章节的中心内容。这样，当我们仔细阅读全文时，大脑就会有方向地寻找答案。

另一个建议是在互联网上搜索与所学内容相关的、有趣的优质视频（一定要注意视频来源，以免被误导）。还记得与看书相比，视听材料在学习金字塔图中的地位吗？观看纪录片或聆听讲解有时要比看书有效得多，这是对激发学习兴趣非常有帮助的方法之一。

略读不需要读那么多内容，而是要观察书中的重点和图片。着重观察图片、阅读标题，这将比单纯地阅读文字更轻松，还能借此推断出大量的信息。

令我惊讶的是，有些人从阅读第一行字开始就拿着荧光笔进行重点标注。确实，在未进行略读的情况下，每个字都显得格外重要。而这种方法最糟糕的地方在于，读者希望熟记所有字句，对形式的关注超过了对内容的关注。在没有理解和内化的情况下，机械性地重复阅读，只会限制人的判断和推理能力，很容易让人忘记学过的内容。

以理解为目的的学习方法则全然不同。如果你的孩子以能向他人讲解为目的去学习，那么他的关注点就不再是与书本一模一样的遣词造句，而是会用自己的方式进行理解和记忆，再以个性化的语言来解释这些内容。

总而言之，如果书中有总结，那就先从那部分开始，以更好地理解内容。接着，开始全局性的阅读，浏览大标题、图片、小标题、斜体或粗体字、页面边缘的字及其他目光所及之处。如果书中没有特殊字体的内容，则可以阅读每段的开头和结尾。这样的阅读不需要花费太长时间，也不用逐字逐句地读完，而是尽可能快速浏览，大致了解该段的内容，然后快速进入下一段。略读的目的不是清晰理解概念，而是只需明白我们要学的是什么，以便制订学习计划。

批判性阅读

在这一阶段，我们需要详细地了解书本中的知识点，因此我们应通读全文，不略过任何内容。

以能向他人讲解为目的

要提高阅读效率，不要总是认为"我在单纯地学习"，而应当记住"我在学习如何向别人讲解"。这样一来，你的脑海中就会浮现一个清晰的问题：这段话的关键点是什么？在你想方设法找出明确的答案之前，不要在书本上随意画"重点"，哪怕你可能已经习惯了这种做法。

一旦确定了关键点，下一步就是思考：哪个词最能帮助我回忆这个要点？你找到这个问题的答案后，就可以圈出这个词，这个词将成为你回忆有关知识点的心理关键词。

也许这个心理关键词不一定出现在书本中，不过，你一旦识别并内化了相关概念，就会联想到某个特定的词语，或是更有助于你记忆与个人经历相关的概念。例如，一个孩子正在学习"一个国家的经济应以农业为基础"的知识点，而他的祖父是一个农民，如果他能在二者之间建立起联系，那么他祖父的名字就可以是一个很好的心理关键词。日后提及相关问题时，他并不会谈论祖父，而是会想起相应的常识与背景。

这些个性化的联想对提高记忆力非常有效。

阅读结束后，你会发现自己在书中圈出了几个关键词，这些将帮助你回忆全部的关键概念。请选择性地圈出关键词，这些词的数量越少，证明你对文本的判断和推理能力就越强。此外，关键词越少，越能证明你可以真正理解并阐述这些概念，而不必像大多数学生那样死记硬背书中的句子。

如果你可以将书中的句子脱口而出，却无法解释其中的概念，那么这就是典型的无效学习。

缺乏理解的记忆意味着我们没有学到任何东西，我们无法向别人讲解相关问题，只是在浪费自己的时间。

圈出零星的关键词，会让你对知识理解得更深刻、更具批判性。

提取高效记忆的关键词

首先，关键词必须能够包含某个图像或概念，因此，它经常是一个动词或名词。像"然而"或"所以"这样的关联词是不可能成为有效关键词的。鼓励你的孩子为每个概念找到2个或最多3个关键词，在绝对必要的情况下，也可以是一个句子，不过我还是希望尽量避免选择句子。

为了确认所选择的关键词是否正确，在开始记忆之前，需要进行核查，确保你能回忆起本章的所有概念。

这个阶段的重点在于核查，通过翻阅关键词，你能否清楚地将它们与所有的概念联系起来并加以解释。

例如，你可能为一个概念提取了3个关键词，然后你发现其实只需要第一个关键词就足够回忆全部内容，那么你就可以删除另外2个关键词。如果你只提取了1个关键词，但你发现这样不太容易回忆全部内容，那么你就应该增加第二个关键词。

这一切的目的都是让你能记住所有的关键概念，并能向一无所知的人讲解。

你的讲解对象对这个概念一无所知是本节内容的最后一个关键点，这是有很大帮助的，因为它将迫使你清晰而准确地学习，不把任何事情视为理所当然。

形成长期记忆

在充分理解概念和确认关键词之后，就是记忆这些概念。

为了确保日后你不会忘记这些概念，形成长期记忆十分重要。想要形成长期记忆，仅仅靠理解是不够的。

有时，学生总是声称背诵是没有必要的，认为只需要透彻地理解事物，就能记住它们。对于这一说法，我只同意一半。理解概念能够帮助我们更轻松地记忆，这一点毋庸置疑，但是如果是数学题呢？它包含了各种定理和公式，很容易被大量的同类信息所迷惑。还有其他领域的知识也是如此，比如对于学习外语来说，记忆也极其重要。许多人半途而废，不能长期记住一定数量的单词，正是因为他们没有持之以恒地练习。

你的孩子掌握知识以后，对这些知识形成的记忆能维持多久？

打个比方，如果你想在草地上踏出一条路，那么你需要一遍又一遍地走很多次，一旦几天不走，回头再看，草木就会生长，覆盖你的踪迹。这就像传统的学习方法，我们花费许多时间阅读，不断重复，但如果几天不复习，就会忘记一部分内容。

假设我们的记忆是一块草地，对知识点的掌握就像在其中修路。想象一下，如果现在有一台推土机供你使用，只需一次，你就可以一下子在大脑记忆这块草地上修建一条坚实的道路！不过，如果你永远不复习相关知识，时间久了，草也会重新生长出来，抹去路的痕迹。

因此，如果你想长期记住这些知识，在用推土机翻整草地之后，你还得再铺几层沥青，沥青可以阻止草木重新生长。在学习中，"铺沥青"代表着内化信息的一系列渐进式的重复过程，每铺一层，就可以短暂地休息片刻。休息的时间会越来越长，直到这些知识永远成为我们脑海中的一部分，我们就不再需要去复习它了。

学习金字塔图显示，人们在学习的两周后，会基本遗忘全部相关信息。如果你的孩子积极使用前几节讲过的技巧，那么两周后他将记得多达90%的知识。但如果你希望这90%的知识能够被孩子记忆更长时间，那么他应当"压出一条柏油马路"。

从图2-5中，我们可以了解到记忆力是如何随着时间衰减的。

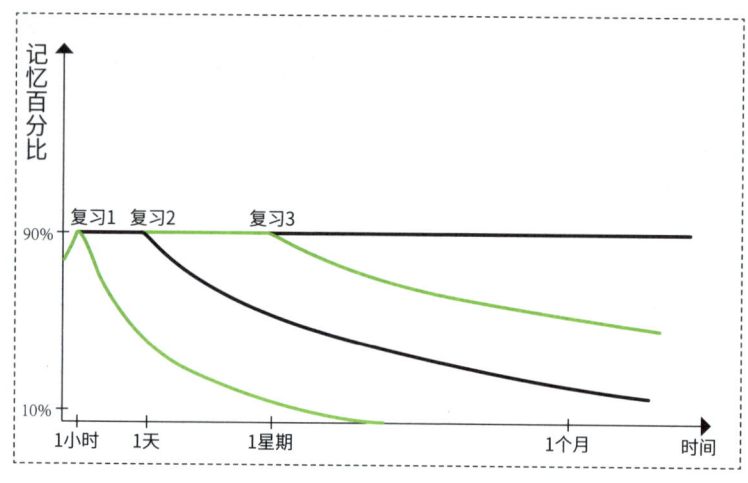

图2-5

渐进式复习有利于长期记忆。

慢慢覆盖在孩子记忆之路上的"草木"是逐渐生长出来的。复习的目的是在每次巩固知识的基础上"再铺一层沥青",以使知识在脑海中长期保持清晰。在覆盖第一层沥青之后,草木需要更长的时间来重新生长,但迟早会有一些小生命想方设法冒出来。为了避免发生这种情况,在草木能够冲破沥青之前,我们要再铺上一层又一层。

从你的孩子学完某个知识点开始,复习应在以下时间间隔内进行。

——1小时。

——1天。

——1星期。

——1个月。

——6个月（如果有必要）。

我所谓的复习并不是传统意义上的复习，不一定要花很多时间，只需要在头脑中回顾一下关键词，检查自己是否能够重新讲解所有的概念即可。你的孩子不一定非要坐在课桌前埋头读书，可以走在街上或坐在车里抽空复习，只要集中精力就好。

复习时间的安排不必过于严格，结合当时的情况灵活调整就好。如果晚饭后你完成了学习，感觉很累，想去睡觉，你不需要设定闹钟强迫自己在1小时后起来复习。晚上好好休息，第二天早上起床再复习前一天晚上学习的内容也行，这样效果会更好。

表2-1为能形成长期记忆的月度学习计划表。

表2-1 形成长期记忆的月度学习计划表

日期	星期	复习1小时前的内容	复习1天前的内容	复习1个星期前的内容	复习1个月前的内容
1月1日	星期三				
1月2日	星期四				
1月3日	星期五				
1月4日	星期六				

（续表）

日期	星期	复习1小时前的内容	复习1天前的内容	复习1个星期前的内容	复习1个月前的内容
1月5日	星期日				
1月6日	星期一	星期一6号			
1月7日	星期二	星期二7号	星期一6号		
1月8日	星期三	星期三8号	星期二7号		
1月9日	星期四	星期四9号	星期三8号		
1月10日	星期五	星期五10号	星期四9号		
1月11日	星期六		星期五10号		
1月12日	星期日				
1月13日	星期一	星期一13号		星期一6号	
1月14日	星期二	星期二14号	星期一13号	星期二7号	
1月15日	星期三	星期三15号	星期二14号	星期三8号	
1月16日	星期四	星期四16号	星期三15号	星期四9号	
1月17日	星期五	星期五17号	星期四16号	星期五10号	
1月18日	星期六		星期五17号		
1月19日	星期日				
1月20日	星期一	星期一20号		星期一13号	
1月21日	星期二	星期二21号	星期一20号	星期三14号	
1月22日	星期三	星期三22号	星期二21号	星期三15号	
1月23日	星期四	星期四23号	星期三22号	星期四16号	
1月24日	星期五	星期五24号	星期四24号	星期五17号	
1月25日	星期六				

（续表）

日期	星期	复习1小时前的内容	复习1天前的内容	复习1个星期前的内容	复习1个月前的内容
1月26日	星期日				
1月27日	星期一	星期一27号		星期一20号	
1月28日	星期二	星期二28号	星期一27号	星期二21号	
1月29日	星期三	星期三29号	星期二28号	星期三22号	
1月30日	星期四	星期四30号	星期三29号	星期四23号	
1月31日	星期五	星期五31号	星期四30号	星期五24号	
2月1日	星期六		星期五31号		
2月2日	星期日				
2月3日	星期一	星期一3号		1月27日 星期一	
2月4日	星期三	星期二4号	星期一3号	1月28日 星期三	
2月5日	星期三	星期三5号	星期二4号	1月29日 星期三	
2月6日	星期四	星期四6号	星期三5号	1月30日 星期四	1月6日 星期一
2月7日	星期五	星期五7号	星期四6号	1月31日 星期五	1月7日 星期二
2月8日	星期六		星期五7号		1月8日 星期三
2月9日	星期日				1月9日 星期四
2月10日	星期一	星期一10号		星期一3号	1月10日 星期五
2月11日	星期二	星期二11号	星期一10号	星期二4号	
2月12日	星期三	星期三12号	星期二11号	星期三5号	
2月13日	星期四	星期四13号	星期三12号	星期四6号	
2月14日	星期五		星期四13号	星期五7号	

（续表）

日期	星期	复习1小时前的内容	复习1天前的内容	复习1个星期前的内容	复习1个月前的内容
2月15日	星期六		星期五14号		
2月16日	星期日				
2月17日	星期一	星期一17号		星期一10号	
2月18日	星期二	星期二18号	星期一17号	星期二11号	
2月19日	星期三	星期三19号	星期二18号	星期三12号	
2月20日	星期四	星期四20号	星期三19号	星期四13号	
2月21日	星期五	星期五21号	星期四20号	星期五14号	
2月22日	星期六		星期五21号		
2月23日	星期日				
2月24日	星期一	星期一24号		星期一17号	
2月25日	星期二	星期二25号	星期一24号	星期二18号	
2月26日	星期三	星期三26号	星期二25号	星期三19号	
2月27日	星期四	星期四27号	星期三26号	星期四20号	
2月28日	星期五	星期五28号	星期四27号	星期五21号	

假设1月的第一个星期一从6号开始。

1月6号星期一，孩子将学习应该学习的内容，然后在完成学习的1小时后，复习当天学习的内容。

1月7号星期二，他将复习1月7号星期二的学习内容和1日6号星期一的学习内容。

对您的孩子来说，按照学习顺序进行复习的方法，是比较方便实用的。也就是说，如果他星期一和星期二都学习了地理，那么星期二他可以先复习星期一的内容，然后再复习当天的内容，以保持内容的连续性。

1月8号星期三，他将在"1小时后"复习星期三学习的内容，之后复习星期二学习的内容。

接下来的一周，他将在1月13号星期一复习：1小时前学习的内容；1天前即1月12号周日学习的内容（如果你周日学习了）；一周前即1月6号星期一学习的内容。

一开始，虽然你的孩子需要复习的内容会越来越多，但当他们习惯了这个复习规律时，他们就会逐渐停止复习一个月前所学的知识，所以复习的内容不会无休止地增加。这种方法大有裨益，能够让孩子不再处于以往学习的紧张状态。

有时会发生这样的情况，老师决定向学生提问上一学期学过的内容，这对绝大多数学生来说是很可怕的，因为他们无法记起上学期的任何知识。传统的学习和复习方法，仅仅局限于我们即将测验的那一章节或课程，会令学生养成为应付临时考试而学习的习惯，而不是至少要记住一整本书的内容。这就好比要求一个训练了5年百米赛跑的学生去参加全程的马拉松比赛！

按照传统的学习方式学习，势必会给孩子带来压力。他们不得不随时回顾每一科目完整的年度教学大纲。这种要求与学生的学习习惯极不相符，会导致大部分学生心绪不宁，因为他们觉得，如果不进行充分的复习，他们就无法回忆起所有必要的信息。

这种消极感来源于没有正确的学习方法。例如，记忆锦标赛上分发的背诵表曾经给很多人留下了深刻印象，表格上印了上千个数字，按行和列排列。我们迫不及待地开始背诵，只会感觉到激动，这是因为我们明白如何进行背诵。

这些记忆锦标赛的选手不会有挫折感和无力感，因为他们掌握了记忆方法，知道如何去做。

当然，记忆锦标赛的目的是测试参赛选手的记忆力，让参赛选手挑战记忆极限，突破自己。你在日常生活中并不需要记住这么长的数字，但如果你有能力做到，那么记住其他内容也会容易得多。

上大学以后，有时学生需要花一年的时间才能弄清楚如何学习某一科1000多页的考试大纲，例如法律或解剖学。这正是因为小时候没有人教过他们学习方法，没有人告诉他们如何快速、正确地获取信息。

因此，越早教会孩子正确的记忆方法，对孩子越有益。掌握方法以后，一切都会水到渠成，而且他根本意识不到自己是在使用任何技巧。

　　记忆不同类型的信息，例如日期、公式或概念，应当采用不同类型的记忆方式。我们需要对信息记忆阶段进行更深入的研究，这也是本书下一章的主题。

更有效地学习和记住信息

第三章

记忆的技巧

记忆词语：图像联想记忆法

首先要明确其概念。高效记忆的技巧指的是存储各种信息的科学方法。这种技巧并非最新的发现，早在古罗马时期，西塞罗在演讲时就开始使用轨迹记忆法。这种记忆技巧被人们沿用至今，被称为西塞罗法。

当然，随着时间的推移，以及多年来人类对大脑孜孜不倦地研究，快速记忆的方法也在不断发展。

一般来说，如同每一项运动都需要配备相应的装备一样，对于我们希望获取的每一种类型的信息，也都有专属的快速记忆技巧。使用错误的方法记忆，就好似穿着脚蹼在山上跑步，或是穿着登山鞋游泳。

首先，让我们了解一下我们的大脑能自发地记住什么。

图像、联想、情感和新鲜有趣

首先，我们必须重视第一个要点：图像。

我们的记忆通过联想图像来运作，因此你可以将希望存储在脑海中的任何类型的信息都转化为图像。

第二个要点是持续不断地联想。

——图像。

——声音。

——思想或概念。

让我们举几个例子。

（1）图像联想：我们看到一朵特殊形状的云，试图描述它时，是不是经常会说它看起来像某样别的东西？在形容其他东西的时候，是不是也是如此？

（2）声音联想：我如果听到汽车喇叭或警笛声，就会立即联想到某个画面。另外，谐音词之间的联想也很容易发生。想象一下，如果在需要背诵的单词列表中，有"manna"和"panna"，那么我只要记住并背出其中一个，另一个就会浮现在脑海中。

（3）思想或概念的联想：例如，如果老师向你的孩子解释如何计算正方形面积，那么下次讲解计算长方形面积时，孩子很可能就会产生联想，意识到二者的计算公式是非常相似的，唯一的区别只是长方形的长宽不同。再如，当我遇到一个和我的亲戚或者熟人重名的人时，我会立刻想起：啊，我的父亲、兄弟或朋友也叫这个名字。

因此，我们会发现，如果想要记住一些东西，就必须用想象力建立一些联系。例如，如果我想记住一个简单的单词，我会用我的五感生动地想象它。

当我用我的五感进行想象时，我是在积极主动地追寻信息，而不是以一种被动的方式接受它。还记得本书第二章提到的大脑被大量信息轰炸的情形吗？在被动学习时，我们的大脑会倾向于封闭自己，保护自己。而我们应该做的是主动寻找信息，所以我们可以使用自己的五感进行联想。

例如，如果我说"树"这个词，你就可以用不同的感官依次进行联想，每切换一种感官，就如同调整电台的频率，你只需要专注在那一种感官上，毕竟你也不可能在同一频率上同时收听到两个广播电台。

视觉：想象你正在仔细观察树的模样，就像你要临摹它一样，想象它的颜色、大小和轮廓。

触觉：想象你靠近它、抚摸它，感受树皮纹理的感觉，想象把一片叶子拿在手里，感受它的厚度，想象触摸树干的感觉。

听觉：想象一下你在听风穿过树叶，树叶籁籁作响的声音。

嗅觉：想象一下你靠近它，闻一闻，把鼻子凑到一片叶子上，然后凑到树皮上。叶子和树皮闻起来是什么味道？如果它开花了，闻起来又是什么味道？

味觉：想象一下你拿一块树皮放在嘴里，它的味道是什么？再放一片叶子到嘴里，它的味道是什么？

上面这个小练习是为了让我们开始注重对感官的认知。我们学习知识的过程，总是反复记忆，以求知识进入大脑。然而，通过激活感官和想象力，我们会成为主动寻找信息的人，我们的思维变得活跃、开放，准备好随时接收信息。

不过，我们还需要发挥其他要点的作用，以使记忆更加牢固。

第三个要点是情感。

其实，我们每个人都会将一些与自身相关的、感触深刻的事物铭刻在记忆中，换句话说，我们的记忆是感性的。

第四个要点是新鲜有趣。

我们的记忆容易被新鲜事物激活，一切特别的、不常见的东西，都更容易被记住。

如果我们在穿着西装、打着领带的人群中看到一个小丑，那这个小丑肯定更吸引我们的注意。

因此，为了记忆各种各样的信息，最有效的方法是以一种极富创造性的方式进行画面联想。要检验你联想的画面是否深刻和正确，是否确实有助于记忆，可以看它是否在某种程度上与"反差、动态、鲜活"这三个要素相吻合。这些要素是最有助于记忆的要素。

反差：脱离平凡的日常生活。例如，如果我在想象一粒咖啡豆，我会把它想象成西瓜那么大，或是像连环画那样生动有活力。如果我想象一个西瓜，我可以想象它像热气球一样飞在空中。秘诀在于，要创造出各种稀奇古怪的画面。

动态：即从来不是静态，而总是处于运动中的东西，即使在精神层面也是如此，动态比静态更能吸引人的注意。

鲜活：以清晰、鲜明、多姿多彩的方式激活五感。

记忆测试游戏

为了检验我们的记忆力，可以完成一个记忆测试。你可以和你的孩子一起完成，就像做游戏那样。请阅读以下词语。

1. 雪山

2. 脚

3. 蚯蚓

4. 小火车

5. 葡萄园

6. 果汁

7. 利加波尔

8. 埃米纳姆

9. 阴凉

10. 马可

11. 套索

12. 阿布拉卡达布拉

13. 弹簧

14. 铃铛

15. 稻草

16. 大教堂

17. 大黄蜂

18. 睫毛

19. 沙丁鱼

读完以后，请遮住上面的内容，不要再看它们，试着在下方空白处全部默写出来。

你需要按照顺序尽可能多地写出上面的词语，如果实在记不住顺序，也可以随机默写。

写完以后请核对一下，看看有多少词语是按照正确顺序写的，并计算你书写正确的结果。记住，只有完全按照正确顺序写下的词语才算数。

为了证明获取良好的记忆力只是一个技巧性问题，我们可以用图像联想法小试牛刀。

准备好开始创作一部新电影没有？

你可以将需要记忆的词语想象成一幅幅生动的画面，如同梦境一般。当你梦到令人兴奋的事物时，你所体验到的情绪是与现实完全相同的。所以，想象一下吧，我即将以这种方式向你展开描述。让我们开始吧！

首先想象一座巍峨的雪山！

你向雪山走去。

雪山被你踩到脚下。

认真想象这一场景，让自己沉浸在看到这一景象的情绪中。

现在，这只脚想为它所遭受的痛苦展开报复，它踹开了自己遇到的第一个东西：一条倒霉的、可爱的蚯蚓！

蚯蚓试图逃跑，它爬上一列疾驰的彩色小火车，也许是燃煤火车。

这列小火车很特别，它不在车站停靠，而是驶入了一个美丽的葡萄园。

我们不仅可以在葡萄园里摘葡萄，还能把葡萄榨成果汁补充营养。

让我们把果汁送给画家利加波尔吧！

利加波尔正与一位歌手埃米纳姆对唱。

埃米纳姆来到伞下的阴凉地休息。

伞下阴凉的另一边躺着我的

朋友马可。

马可有点儿疯狂，他的内心住着一个牛仔，于是他掏出了套索。

这是一个魔力套索，它的名字叫作："阿布拉卡达布拉。"

只要一喊它"阿布拉卡达布拉"，它就会变成一个弹簧。

弹簧开始蹦来蹦去，但不幸的是，它失去了控制，撞上了
一只巨大的铃铛。

这个铃铛非常特别，因为它里面塞了许多稻草用于隔音。

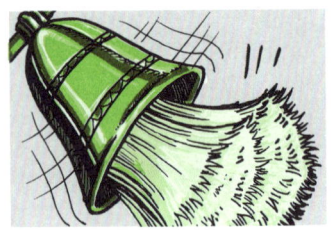

稻草觉得它需要祈祷，于是，它来到了一座华丽古老的大教堂。

大教堂里藏着一只可爱的大黄蜂。

大黄蜂正在打理自己长长的睫毛。

令人惊讶的是，它的睫毛上竟然拴着一条臭臭的沙丁鱼！！！

现在你是不是能把这一系列场景都视觉化了呢？上面的插图可以帮到你，当然你也可以完全依靠自己的想象力。重要的是把自己当作想象出的影片中的主角进行体验。在默写所有词语之前，再次重温这部影片，在脑海中循环滚动这些图像。

078 一分钟
超级记忆术

现在再试试按顺序准确默写这些词语吧！

情况如何？有没有对你的记忆力感到惊讶？

你在默写的时候会感到开心吗？

接下来你可以给自己一个更大的惊喜，试着举办一场比赛，看看谁能按倒序写出这些词语。

看看这回能写对多少个。

你有没有注意到，获取良好的记忆力完全是方法问题。以上这些方法只是"开胃菜"。我们现在已经研究了如何记忆词语，那么当我们面对数字的时候，应该怎么办呢？

记忆数字：韵律法与形状法

数字是一种最难记忆的信息，因为它们无法与图像产生独特且自然的联系。即使是几个数字，如密码或电话号码，也往往难以记忆。但我想告诉你们，数字的记忆技巧和其他信息的记忆技巧一样，也是以将信息转化为具体形象的东西为基础的。

记忆技巧有很多种：韵律法、形状法等。如果你和你的孩子都比较习惯联想新鲜事物，在此就没有必要专门讨论了。让我们实践一下，回顾基本的记忆技巧，看看如何通过以下两种技巧记住6873这个数字。

韵律法

即给每一个数字赋予一个与该数字押韵（或同音）的图像。

这样，如果有人对我说6873这样的数字，我会想象一头牛

（6），突然发出"叭叭"（8）的声音，然后掉下来骑（7）在了一座山（3）上。

形状法

即赋予每个数字与其形状相匹配的关联物体。

1	蜡烛	
2	天鹅	
3	弹簧	
4	座椅	
5	弯钩	

（续表）

6	樱桃	
7	镰刀	
8	雪人	
9	气球	
10	酒桶	

　　所以，如果对我说6873这样的数字，我会想象一颗樱桃（6）落在一个雪人（8）身上，用镰刀（7）划破了雪人，里面跑出来一个弹簧（3），溜走了。

　　上述两种记忆方法都是非常简单的，很容易学习，但不能帮助我们记忆大量的数字。因为我们在脑海中所串联的图像总是相似的，随着数字变长，混淆的风险就会增加。

记忆概念：思维导图法

有效记忆概念的技巧有许多种，值得我们关注的主要有：思维导图法、西塞罗法和罗马房间法。

这三个技巧都非常重要，但因为思维导图法的应用更广泛，而且更加有效，所以本章节先着重对它进行讲解。

什么是思维导图

思维导图是一种非常强大的学习工具，也许你早已对它有所耳闻。

其有效性在于，它利用了我们在第一章谈到的记忆的基本特征。即当我们制作思维导图时，我们调动了自己的想象力与创造力，将图像、色彩和思想联系在一起。我认为，这是学习，尤其是学习文本的最有效的工具。

什么是思维导图？只需要看看本书的篇章页，你就能明白了。你很容易注意到它们，因为它们看起来生动而引人注目。

所有概念都能在思维导图中得以体现。思维导图就是这么有效，能在一张纸上体现出几十页文字的内容。

思维导图如此有用的另一个原因在于，它是一个把各种信息连接在一起的辐射系统，也就是说，所有要点都从某个核心或中心思想出发，以相似的结构扩散。

我们总是习惯于以表格或是列举清单的方式来记忆信息，这种方法会导致大脑对信息产生排斥。我们越是专注于某张表格，就越难记住其中的要点，从而不自觉地排斥这些信息。

绘制思维导图最好使用不同颜色的笔，这比黑白两色更能吸引我们的注意力。此外，由我们主动选择各个分支的颜色，这种有意识的选择更有利于信息的记忆。

如果你能按一定逻辑使用自己喜爱的色彩，那么你的思维导图会更有效。

我们还可以在思维导图中画上一些插画。正如前文所述，我们的记忆通过图像来实现，因此，插画对回忆概念非常有用。这些插画不一定非要直接体现相关概念，但一定能以某种方式帮助我们进行回忆。例如，如果要将"爱"的概念与一个形象的东西联系起来，我可能会画一颗心或一个丘比特。

思维导图是一个灵活的体系，需要绘制者亲身投入，因此绘图者在绘制过程中会留下许多信息。

还记得本书第一章的学习金字塔图吗？我们应当主动学习，因此，你需要教会你的孩子如何制作思维导图。当他学会如何在课堂上有效而快速地绘制导图时，他就能当堂理解和记忆这些信息，回家以后只需稍作修改。

绘制思维导图与传统记忆工具相比具有众多优势，以下是历史上其他学者的观点。

"在思维导图中的概念表达形式能够完全反映大脑的工作方式。大脑其实是在一个有机的、辐射状的系统中工作，以一种非线性形态将每个单一的想法、记忆或信息与几十个、几百个，乃至几千个其他想法和概念联系起来。反之，在表格或清单中添加新的元素会降低推理能力。列表越长，我们的创造力就越低，我们的大脑会逐渐停止思考。因此，以这种形式获取或保留信息的可能性是有限的，这显然是学习、头脑风暴、获取新概念时的障碍。"（阿诺欣，1973）

"学习研究表明，联想结构和对概念表达的主观解释对更好地理解抽象概念至关重要。"（罗伊·哈德，1992）

"利用图像解释一个人的思想过程需要更高层次的动机与专注力。"（诺瓦克，1998）

如何绘制思维导图

图像胜过千言万语。图3-1是由我的学生亲手绘制的思维导图实例。仔细观察，你会发现图3-1遵循的方法与我教给你们的方法是大体一致的。

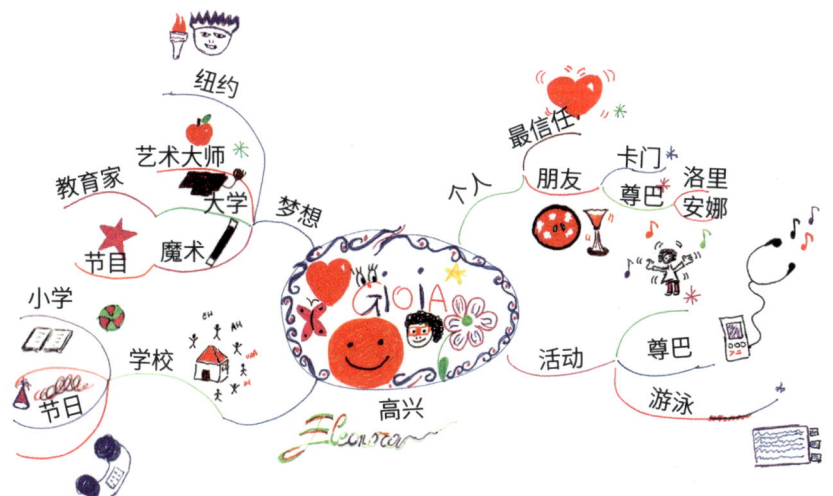

图3-1

接下来，让我们看看绘制思维导图的要点。

（1）展开纸张。纸张可以选择不同的尺寸，A4或A3都可以，这主要取决于你要绘制的内容有多少。

（2）专注思考需要绘制的主题，并思考最能代表它的插画。使用插画可以激发创造力，还能够让我们产生一些感性的联想。

（3）设定一个核心，以此为起点发展分支。一般来说，我们如果把中心视为一个时钟，就可以把自己定位在正午时分。这在大多数情况下都是可行的，但也有一些例外情况。例如，如果你学习的内容是一种特定的结构，那么以不同的方式绘制导图，为该内容量身定做可能会更好。我们将在后文看到这样的例子（比较型导图）。

（4）为导图的构建确立一个方向，也就是要按顺序选择其所代表的主题。根据常识，以12点为起点，我们可以确定顺时针为导图的构建方向。我们从12点出发，沿导图的右侧从上往下走，到达6点钟的位置，然后再沿着左边从下往上走，走回正午的位置。有时，我看到一些学生在从12点走到6点以后，又从12点开始，顺着导图的左侧再次走到6点。这种行进方式会使整个导图和思维失去连续性和流畅性。我们应当遵循时钟的时针所走的路径。

（5）均匀地分配空间。有时候，如果从中心位置出发，某部分章节或主题的分支可能会过长。在这种情况下，不能使用对我们即将绘制的内容来说尺寸太小的纸张，否则思维导图中的分支和插画就会过于密集。分支距离太近，容易让人无法分辨，最终失去效力。请记住，在一个分支与另一个分支之间始终要留有足够的空间，以便轻松地识别。

（6）使用适当的颜色对记忆来说是有益的。选择什么颜色完全取决于个人偏好，好好考虑哪些颜色最适合你、最能巩固记忆。使用鲜艳的颜色是一个不错的主意，这样可以使导图变得生动，吸引你的注意力。

也可以用一种直观的方式将颜色联系起来。例如，如果你正在研究血液循环系统，那么你可以像课本上那样，将动脉上的分支画成红色，静脉上的分支画成蓝色或者绿色[①]。图3-2是一个关于地理的思维导图的示例。

图3-2

————————————

① 在意大利语中，Vene（静脉）与Verde（绿色）的开头字母相同。

（7）如何构造分支也是一个非常重要的问题，它们从中心蔓延出去，应当是色彩斑斓、曲线优美的。我们要避免使用直线式的分支，因为它们会让人联想到表格，很难牢牢记住。相比而言，每张导图都是独一无二的，正如它所代表的概念一样独特。分支不仅仅是简单的弧线，还可以在某种程度上代表它们所蕴含的概念。例如，如果分支的主题是大象，那你可以把分支画成灰色大象的形状，这样就能更容易记住它。因为在这样做时，你在积极地参与并有意识地选择学习方式，而非被动地接收信息。

一张思维导图中，有从中心位置出发的主干分支，我们称之为"母分支"；从这些母分支中可能会产生其他概念，这些将由次级分支代表，我们称之为"子分支"。子分支可以有"兄弟姐妹分支"，也可以有自己的子分支。一个分支能够延续多少代，取决于这个概念的深度和广度。

（8）呈放射状绘制分支。为了使导图的结构更便于记忆，我们将绘制一层又一层的子分支。因为思维导图代表着我们的思维和神经元结构，所以分支的方向是从核心向外部各个方向呈放射状的。

这样能够令人们轻松区分信息的层次，更清楚地明白其他概念属于哪一级分支，从而也更容易记忆。

相反，如果一些分支朝中心方向绘制，那么在视觉上就无法直观地看出它属于哪一个层级。

如果你是为了记忆而绘制思维导图，那么请始终牢记，分支的结构越清晰，就越容易想象和记忆出"参天大树"。

（9）空间的分布应当是均匀且平衡的，分支的长度必须刚好足以容纳对应的关键词。例如，如果从核心出发有6个分支，每个分支又有其他的子分支，那我们就不应该把它们画得太短，也不应该与中心紧挨在一起；否则等到画子分支时，我们会发现已经没有足够的空间了。在这样的情况下，最好的办法是把分支拉长，保证它们与中心之间有足够的距离，以使得导图上所有的分支都清晰可见。

（10）在各分支之间建立联系。这些分支拥有共同点，或是它们之间有某种关系，这一点是非常有用的。要做到这一点，我们只需从一个分支的末端出发，将其与另一个分支的末端连接起来。这种连接能够建立起一种全局观，从而使人们对有关概念拥有更深入和广泛的了解。这是传统学习方式难以拥有的优势，因为传统的学习方式往往会将两个相关的主题安排在不同的页面上，甚至可能让学习的日期也相距甚远。

（11）选择关键词。关键词是指能够有效帮助我们回忆相关概念的名词或动词。不要把整个句子放在导图的分支上，如果我们觉得某一个句子对清楚地回忆起这个概念是必要的，那么可以想办法用关键词来代替这个句子。这是一个非常好的习惯。

我们对某一个分支联想到的词语过多，反而会给画导图造成障碍，也就是说，从这个分支中出现子分支的机会会变少。

例如，我正在制作关于沟通的思维导图，并且想在导图上添加我们可以创造性写作的事实，于是我建立了一个新的分支，并与整个短语"创造性地写作"相关联。如果不久之后我发现我们还可以"理性地写作"，我就没办法再将这个信息加入到同一个分支了，此时应该把它放在哪里呢？请观察图3-4中两幅未完成的思维导图。

有没有发现，在第二个思维导图中，我们可以自由地添加信息，而上面的思维导图则是封闭的分支。

通过图3-5，我们可以看到一整个句子写在分支上是什么效果。

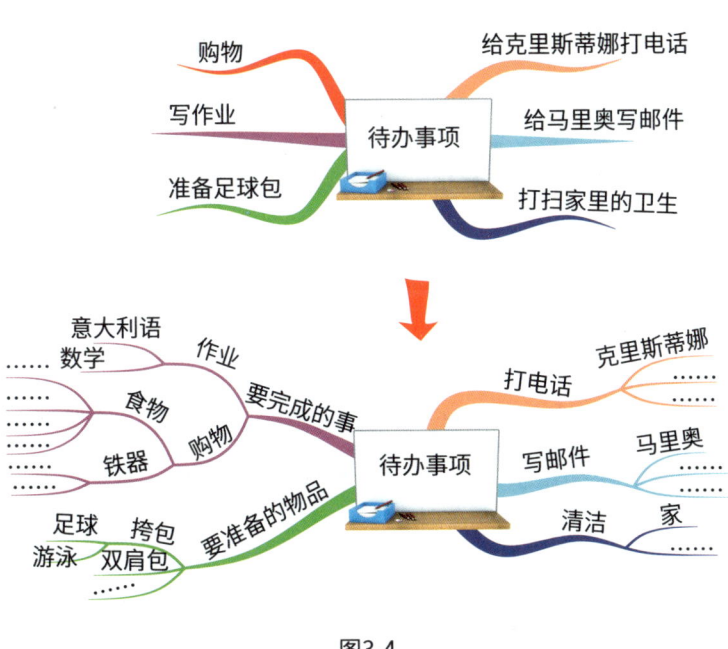

图3-4

光合作用：植物产生有机物质的化学过程

无效分支

列奥纳多出生于1452年

2068年外星人
和恐龙之间的冲突

图3-5

　　如果通过使用关键词来代表同一概念，那么图3-5的无效导图就会转变成图3-6的有效导图。

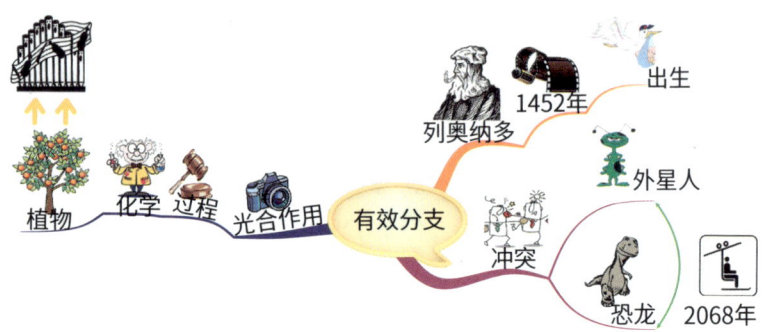

图3-6

现在试着把下面这些短句转换成关键词。删除能通过逻辑和直觉推导出的内容，只保留最基础的关键词。第一项为示例，后两项由你和孩子填写。

许多人移民到美国——移民、美国

燕子在马厩里筑巢——＿＿＿＿＿＿

狐狸以小动物为食——＿＿＿＿＿＿

你的孩子选择什么样的关键词来构建他的思维导图，都是他在批判性阅读中推断出来的。告诉他，每个分支的字数越多，分支就会越长，思维导图就越分散，越不清晰。

（12）关键词应当安置在分支的上方，而不是末端。我见过将关键词写在分支的末端，作为其他相关分支的起点。这种结构其实更接近图表，而与思维导图相差甚远。一定要避免图3-7中的做法。

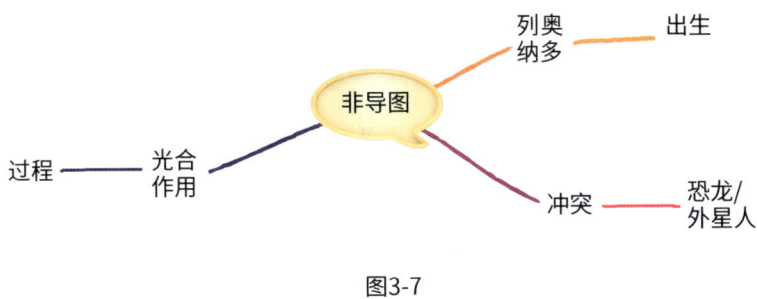

图3-7

正确的绘制方式应当像我之前讲的那样，在分支上方写关键词，用曲线相连。

我还经常看到另一种错误的导图绘制方法，即一些关键词颠倒过来了。这通常是因为你在绘制思维导图时旋转了画纸，最终，当这张纸旋转完360°回到初始位置时，你会发现思维导图左侧分支下的关键词是倒着写的。文字与图片一样，必须清晰直观。如果你必须偏过头或旋转思维导图来阅读，那思维导图就会失去效力。

（13）关键词的书写应该是清晰而明显的。你可以在斜体字和正体字之间自由选择，以你的喜好为准。

如果你的书法水平不错，而且草书字体特别能吸引你或刺激你，那么欢迎使用斜体字。此外，为了赋予导图更多情感和吸引力，你可以调动你的想象力，创造性地写下关键词。你在写下这些词的瞬间，就已经为长期记忆打下了坚固的基础。

094 一分钟
超级记忆术

为了让你理解我的意思，请看图3-8关于写作方法的导图。

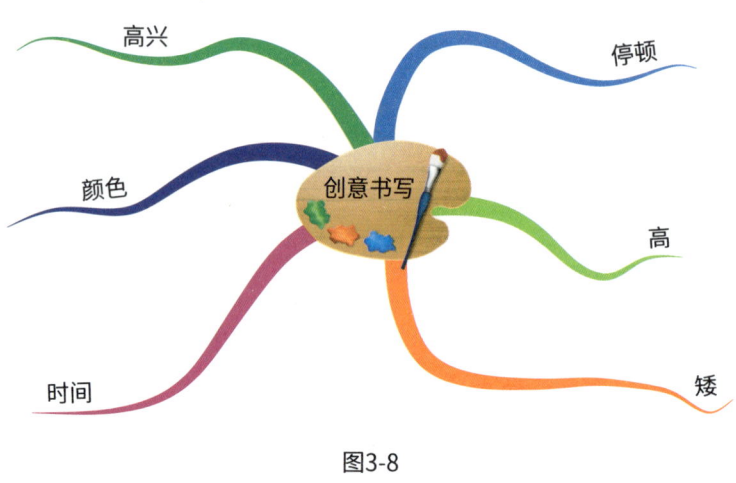

图3-8

显然，在以这种方式书写关键词的同时也加深了我们的记忆。

正是基于此，童书作者杰罗尼莫·斯蒂顿的《老鼠记者》受到了大家的欢迎。只要你把这套书中的任何一本带回家给孩子看，你就会发现孩子被其中的内容深深吸引，希望弄清楚接下来的内容是什么，不愿停止阅读。

（14）插画的位置也应当靠近分支，最好略微偏上一点儿，这样就不会阻挡分支。我看到有一些学生会把插画放在分支的末梢，那之后就无法再添加代表进一步想法的子分支了。此外，把插画放在分支的末梢，可能会导致我们的导图结

构混乱，变成一种类似于购物清单的形状。图3-9就是错误的
示例。

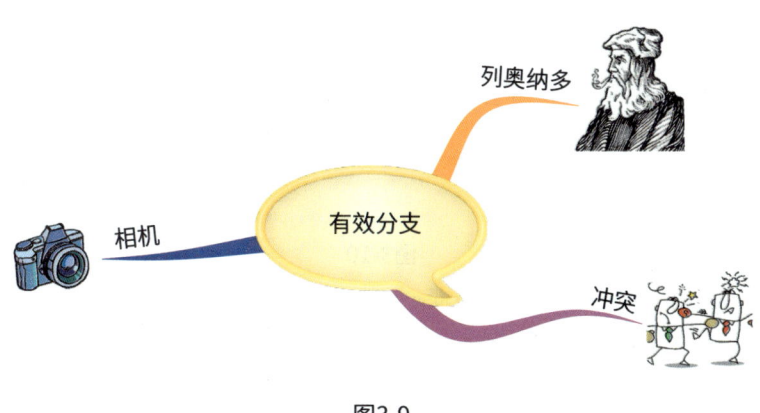

图3-9

图片必须与其所代表的分支具有明确的联系：把它们放在
分支上面，既可以加强与分支的联系，又能打破单调，不会受
到纸张大小的限制。

（16）"图像胜过千言万语"，因此插画的大小应当尽可能
超过关键词。然而，有的学生把插画画得特别小，几乎与关键
词的大小相同，在这种情况下，插画就会缺少存在感，很难被
识别出来。插画应当是高度可见，能够引人注意的，过小的插
画难以被发现，只有较大的插画才能有效地帮助我们回忆。为
了让你明白这一点，请注意观察图3-10和图3-6的区别。

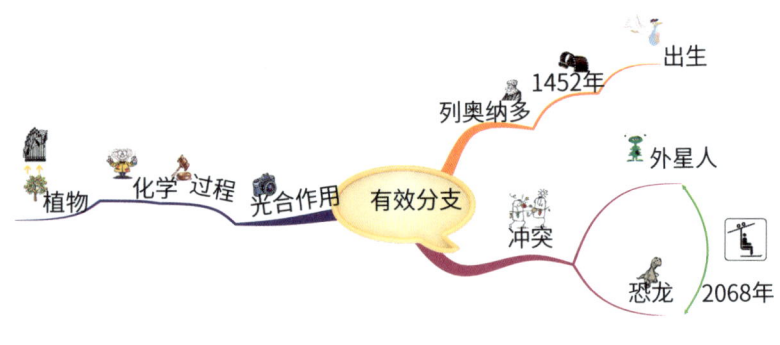

图3-10

（16）选择绘制思维导图的工具也很重要。

当你的孩子在一定程度上熟悉了绘制思维导图的方法，你会发现他习惯于以一种基本固定的方式去构建导图。很明显，最开始使用铅笔是更明智、更实用的选择，这样你可以修改、移动和调整分支的大小，直至找到一个满意的形状。

进入上色阶段后，是用蜡笔还是水彩笔，可以让孩子自由选择。如果使用水彩笔，请确保绘制导图的纸张拥有足够的厚度，以防止颜色渗透纸张，甚至让纸张变得褶皱。这些虽然是小细节，但最终会带来不同的结果。精美的导图如果被绘制在不合格的纸张上，就会被当作次品，导致人们不愿意使用它。

如何提高导图的鲜明性和生动性

如何让一幅思维导图更有效、更美观？虽然在前文的16个要点中，我已经给出了指示。但我想强调的是，使用不同颜色的组合能令思维导图更加鲜明、生动、与众不同。

如果在材料准备阶段选择了一套非常有限的颜色，那么单调的色彩会破坏导图的生动性。相反，如果拥有的颜色全部是自己心中所希望的，则会产生明显不同的效果。这就是为什么花费时间选择正确的工具很重要。

在绘制导图的过程中，你需要做到以下几点。

——建立分支。

——写出关键词。

——绘制插画。

从始至终使用相同的颜色，一定不如绘制多种不同颜色的分支那样醒目。同样的，思维导图用不同的颜色代表相应概念，会呈现出完全不同的效果。举个例子，请注意图3-11中两幅思维导图之间的差异。

图3-11

·记忆思维导图

在绘制完思维导图后，孩子应如何记住各个分支所代表的概念呢？

记忆信息的准确顺序是什么？由于思维导图是孩子绘制的，孩子是那个选择关键词、颜色、图像的人，因此他们记忆上面的信息肯定非常轻松。此外，为了使导图在孩子的脑海中清晰呈现，在他完成导图以后，需要告诉他，他可以将导图分为4个区域，参照钟表进行想象，以时针旋转的顺序进行记忆。

完成这一切后，他就可以开始仔细地观察思维导图了，观察顺序可以与他绘制的顺序完全相同。

从第一区域开始，他可以把自己当成一个"好奇宝宝"，向自己提出一些问题。

他可以先关注从核心出发的分支，然后分别去看每个分支所产生的子分支，尽可能地理清所有相关概念。

在观察及研究完所有分支及其关键词和插画，以及各分支之间的关系之后，就不要再看思维导图了，而是要在脑海里演示思维导图的绘制过程。

这样，他就可以检查自己能否回忆起所有相关概念，包括所有主要的和次要的概念，是否可以做到不遗漏任何一个分支了。

接着，他可以对第二、第三和第四区域重复这一操作。

当他记住全部4个区域后，他就可以开始对整个导图开展总体的阐述，从而回顾先前的准备工作是否存在薄弱环节，以及自己是否已经掌握了全部知识，能否取得高分。

那么，如果他在某一个分支出现了卡顿，遗忘了该分支的知识，该怎么办呢？

发生这种情况只有几个原因，主要是分支不够清晰。为了加深孩子的印象，我建议为分支画一个彩色的边框。还有一个更好的办法，就是请他加强插画中的某个细节。例如，如果他画了一位戴帽子的先生，那么请他把帽子的颜色涂得更鲜艳一些，或者把帽子放大。你会发现，这种方式能够强烈刺激孩子对该分支的记忆。

另外，他还可以尝试在记忆卡顿的分支和前一个分支之间建立新的联系。

这种新联系的作用不在于强调两个分支之间的关系，而在于自然地引导大脑产生联想，当他阐述他所记住的前一个分支内容时，他就会自发地联想到另一个分支的内容。

如果他使用软件绘图，可以先在脑海中演示，使导图分支逐渐在脑海中显现，以便帮助自己回忆。为了确保自己已经记住了相关内容，一定不要先在软件中让分支显示出来，而是在保证自己的脑海中已经浮现出相关内容以后，再点击显示出该分支，事后检查自己是否遗漏了某些概念。

当孩子能够较为完整地回忆出思维导图，并记住思维导图中蕴含的概念以后，他还应当按照我们在学习方法一章中谈到的渐进式回顾法进行复习，以确保他拥有长期记忆。

思维导图的应用

思维导图有各种应用，在专业领域也被广泛使用，而对于孩子来说，它主要在以下5个方面发挥作用。

——学习。

——做笔记。

——撰写论文。

——准备口试。

——筹备活动。

1. 思维导图在学习方面的应用

我们在学习时常常会发现，自己通读完一本书后并没有领悟其中的关键概念。

面对这一问题，我们应当进行批判性阅读，理解关键的概念，并为该概念寻找一个能帮助我们回忆的关键词，以便绘入思维导图中。

随着时间的推移，我们的思维导图将逐渐成形。用思维导图学习有一定的顺序可以遵循：批判性阅读—识别关键词—

自我检验。在一开始，我们需要按顺序进行，在完成自我检验后，才能把关键词绘入思维导图。但当我们熟悉了这一学习模式后，这3个步骤是可以同时进行的。因为在阅读时，只要我们确定了概念，脑海中就会自动出现一个关键词帮助我们进行回忆，接下来我们直接把它绘入思维导图就好了。

随着经验的积累，我们将不再需要检查自己所选择的关键词是否适用于回忆概念。直接挑选出最合适的关键词会成为我们的一种能力，即能够让我们在阅读的瞬间立即识别出最有意义和最合适的词来帮助回忆。此外，将我们正在学习的内容绘制成思维导图时，我们必须集中精力，深刻理解阅读的内容，毕竟你无法为一知半解的知识绘制导图。完成导图的初稿以后，你可以通过色彩的运用使它变得鲜明和生动。我习惯于在书写关键词时，在旁边顺便画一幅插画，画画时间与书写单词的时间实际上是相同的。

写关键词和画插画的区别在于，我可以在不考虑具体内涵的情况下找到一个词，也就是说，我可以被动地寻找词语。但当我思考"我可以用哪幅插画来代表这个词语"的时候，我的大脑必须处理有关概念与信息，因此，在绘制初稿时我就可以更深刻地进行记忆。

记住，要构建一个有效的思维导图，必须均匀地分配空间。因此，在开始绘制之前，最好先仔细观察文章的结构，以便从一开始就以最好的方式安排导图的布局与结构。如果文章有6个段落，那么可以先准备好在导图的左右两边各安置3个分支。这样有助于避免画出不均匀或不对称的思维导图，比如一边过于密集地安排了4个分支，另一边则只有2个分支。

一般来说，刚开始时，导图只是初具雏形，每个分支对应着最关键的概念，随着对知识内容理解的层层递进，导图也会拥有各种颜色与插画，变得更为丰富，更具功能性。

有一种特殊的思维导图非常实用——比较型思维导图。这种导图以相同的结构呈现出不同主题的内容，方便进行比较。例如，你正在研究左右脑的不同特点。在课本中，一章是关于左脑的，下一章是关于右脑的。在这种情况下，你就可以在同一幅思维导图上比较左右脑的特征，比如在导图右侧的分支体现右脑的相关内容，在导图左侧的分支体现左脑的相关内容。

只要你想比较两个相似的主题，希望了解并突出其特征的异同，你就可以使用这种结构。对于共同点，你可以在左右两边的分支之间建立联系，将两者共有的特征归纳在一些加粗的互相联结的分支上；对于不同点，你可以将它们分别绘制在左右两侧向外延伸的分支上。这样一来，思维导图将呈现出糖果的形状。

图3-12体现了上述内容，该思维导图比较了两种非常相似的动物——草蛇和毒蛇。

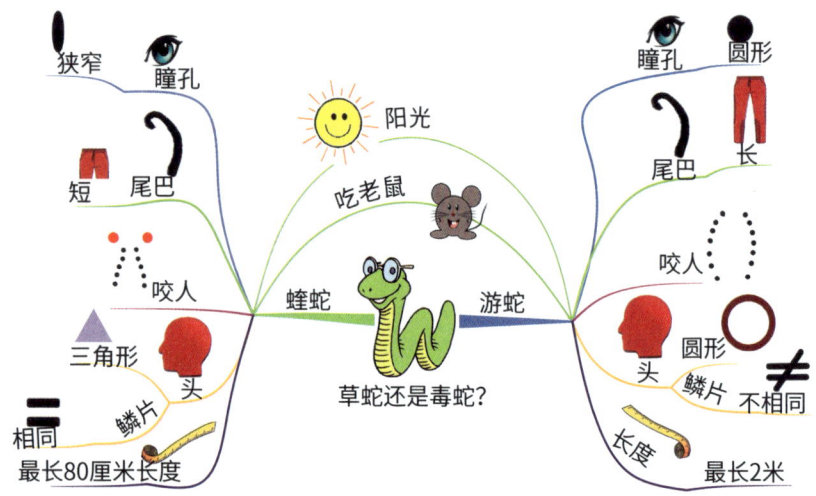

狭窄　瞳孔　阳光　瞳孔　圆形
短　尾巴　吃老鼠　尾巴　长
咬人　咬人
三角形　蝰蛇　游蛇　头　圆形
头　鳞片　不相同
相同　鳞片　长度
最长80厘米长度　草蛇还是毒蛇？　最长2米

图3-12

2．思维导图在笔记方面的应用

传统笔记法的缺点在于，我们在记录概念时很容易忽略它们。许多学生在学校里努力做笔记，在家里努力复习，但大多数时候他们只是机械地把在课堂上听到的内容转化为手写的文字。在这个过程中，他们并没有注意内容本身，也没有真正理解内容。相反，在绘制思维导图时，他们不得不理解并确定关键概念的内涵，也就因此理解了课堂内容。

如果你养成在学校使用思维导图做笔记的习惯，那么你在回家之前就已经掌握了课程的大部分内容。这意味着你会有更多可以自由支配的时间。

还记得第二章中，下午复习上午所学内容的学习方法吗？你只需要修改并敲定思维导图，在脑海中重新演示一遍相关概念即可。这样一来，花在学习上的时间就会大大减少。

在实践中，我们应该如何根据老师的讲解构建思维导图呢？请大家来看一下我的经验。

一是准备一套彩色水笔或铅笔，以及一本纯白的A4笔记本。

就我个人而言，我不喜欢思维导图背景中有任何线条或方块。干净的背景能够方便人们自由地进行创造。

我喜欢把装订线放在笔记本较长的那一边，即如图3-13所示。

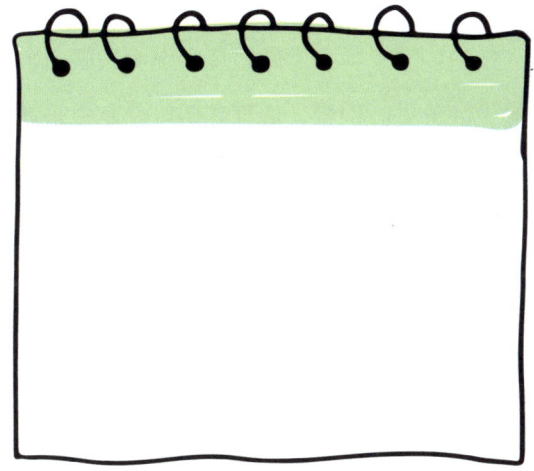

图3-13

二是打开本子呈对页放置，选择上下两张纸中的任意一张来制作导图。

将不用于制作思维导图的那张纸竖着分栏，用来添加其他有用的信息，比如一些不会出现在思维导图上，但也能帮助我们理解的内容。

为什么要采用分栏的形式呢？其功能是什么？这与报纸版面上的分栏结构是一个道理：利用我们的最佳视野，使信息一目了然。

三是将不同类型的信息（例如注释和附加说明）写入分栏里。

为了妥善地安排上述信息，方便快速寻找，当我们画出与某个关键概念有关的分支时，我们可以将与之有关的附加说明组织在一栏中，逐步填入，并为每个说明关联一个数字，指向导图上的关联分支。例如，如果我们已经事先知道老师要讲的主要内容分为4个部分（假设是4个不同的几何图形，见图3-14），我们就可以将空白部分竖着分为4栏，这样一来，每一栏的内容都能对应一部分的概念。

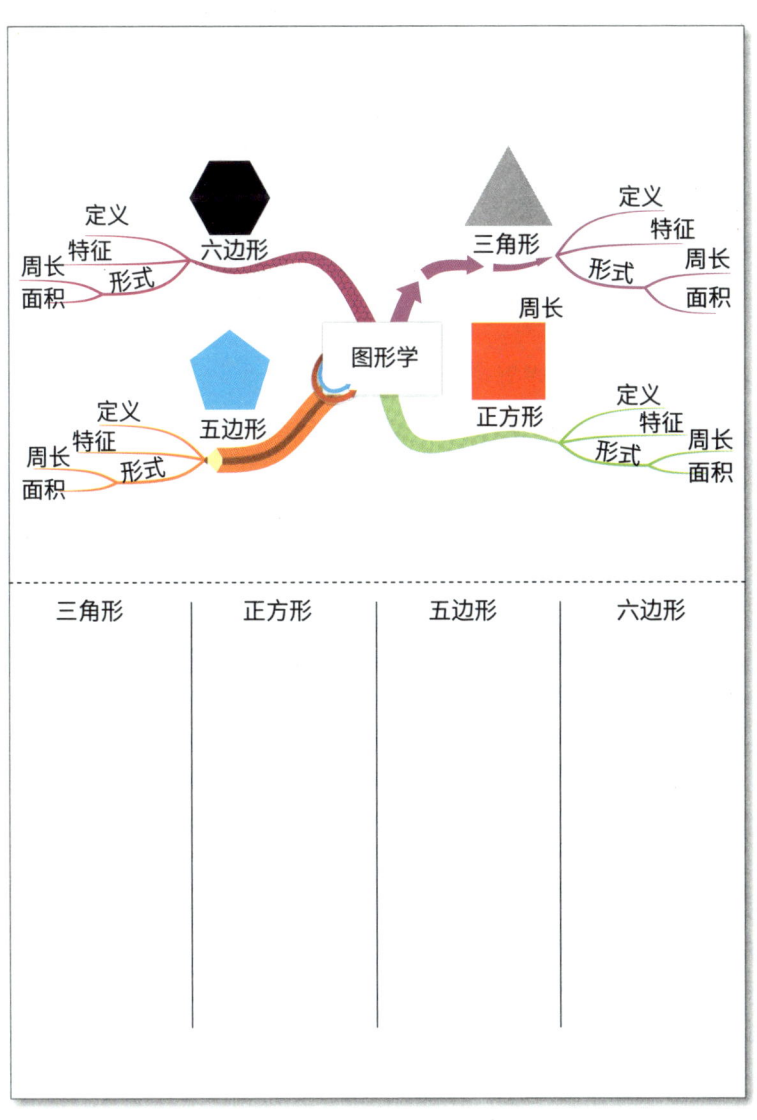

图3-14

然而，很多时候，我们事先并不知道老师要讲什么内容，也不知道思维导图会有多少个分支。为了均匀地划分空间，我们还可以以时间为参考因素。如果我们知道老师将讲解1小时，我们可以将每15分钟学习的内容安排在页面的四分之一上。这样一来，就能避免导图的左右分配不均，例如右边内容已经过载，而左边还完全空白。

最后，用思维导图做笔记时，我们可能会发现已绘制的某个分支放在其他位置更适合。这种意识对我们是有益的。因为我们觉得应当移动这一分支，就意味着我们正在关注、理解和处理我们所听到的内容。如果有时间，我们就可以删除或修改该分支，然后把它放到最适合的位置上；如果没有时间，也可以先简单标注一下，在绘制最终版思维导图的阶段再进行修改。

此外，由于思维导图不可能在制图者不了解相关概念的情况下制作出来，所以如果你的孩子对知识点依然存在模糊之处，他就不得不提出问题，如：我不清楚这个概念与前一个概念有什么关系（准确地说，是不知如何在导图上排列分支），能再给我解释一次吗？这将锻炼他提出有价值问题的能力，让老师知道他是否有学习兴趣。

3．思维导图在作文方面的应用

作文是一种创造性的产出，在确定论文主题后，你可能经常不知道从哪里着手。在这种情况下，你也可以使用思维导图来搭建框架。只要把主题放在中央，然后开始第一分支"写作目的"，第二个分支是实现写作目的所需的要点，如果我们愿意，还可以插入1个分支"观点"，然后再插入3个分支"介绍""发展"和"结论"，绘制出一个初级导图，如图3-15所示。

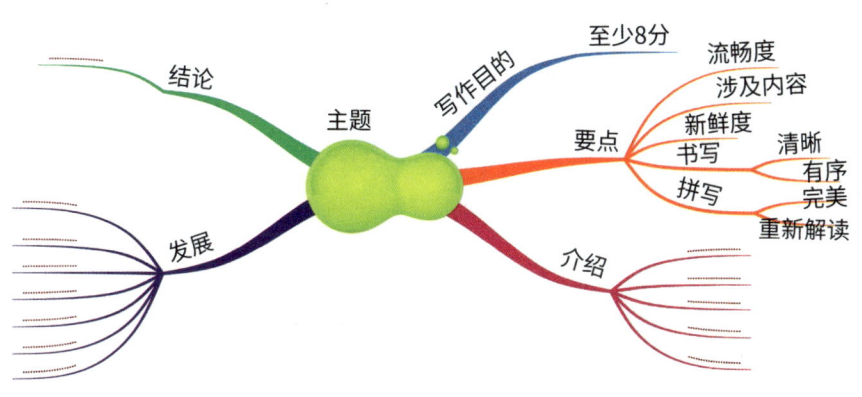

图3-15

在这种情况下，插画的用处并不大，因为我们的目标不是记忆，而是创造一个关于特定内容的逻辑顺序。有时，学生会花很多时间思考他们可以对这个标题写些什么，然后构建几个

"听起来不错"的句子进行写作。

但突然间，他们会发现自己的时间所剩无几，为了完成任务，他们应付性地写下许多不流畅的、生硬的、无法形成任何逻辑的内容。而且，当他们被迫写作文时，不知道该写些什么的感觉是非常令人难受的。

我的建议是，你一旦读完标题，就开始绘制思维导图的草图。

假设论文的中心主题是"家"，请你将信息按照层次进行分组。从"家"衍生出来的关键词如下。

浴室—菜肴—床—玄关—洗衣机

鲜花—狗—淋浴—音响—衣柜—书桌

冰箱—壁炉—阳台—车库—洗碗机

水槽—厨房—桌子—餐厅

客厅—衣服—狗窝—自行车—电视

毛绒玩具—扶手椅—坐垫—沙发—绘画

房间—汽车玩具—地毯—木头—水果

一旦这幅思维导图建立起来，你就会发现需要插入更多的关键词，以使相关概念更完整、更有逻辑。思维导图的结构是主观性的，取决于你如何进行构建，如何从简单的想法中不断发展形成完整的内容。

4．思维导图在口试中的应用

在准备口试时，我们可以创建一个思维导图，按照不同的主题，将我们认为可能被问到的所有问题进行分组。这将给我们提供一个完整的内容总结，作为复习的参考依据。这是从文本中无论如何也无法得到的信息，因为文本中的概念常常散落在不同的页面上。

例如，想象一下，对于一个文学主题来说，拥有清晰的分区结构意味着什么，请看图3-16。

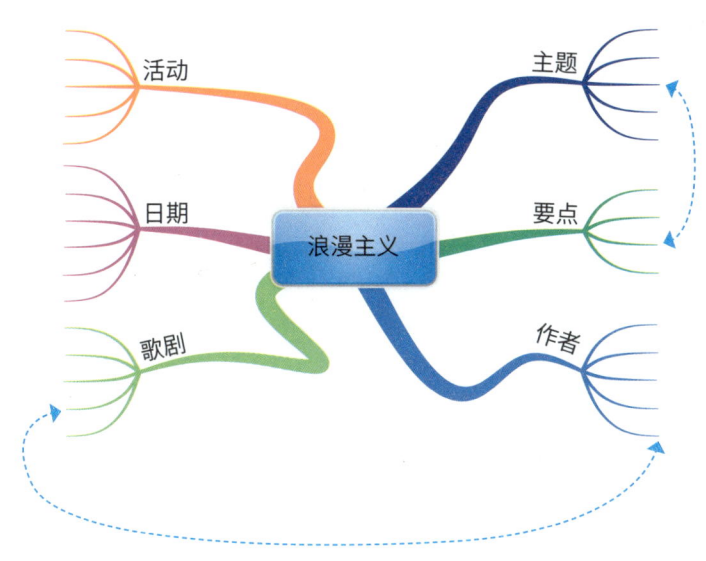

图3-16

同样的，在准备口试时使用插画也没有什么意义。因为我们已经在学习时画过了图片，现在这个思维导图只是为了在演讲过程中给自己提供更清晰的思路。

5. 思维导图在策划活动中的应用

在策划某项活动时，我们可以运用思维导图管理重要事项，为应对任何突发情况做好准备。

把所有需要完成的事项都绘制成思维导图，可以帮助我们尽善尽美地完成活动事项。对照着思维导图，我们不会因任何意外因素分散注意力。我不知道你是否曾经因为班级的某个任务而忘记家里的什么事情。一旦发生这种情况，你可能会非常烦躁，从而陷入恶性循环。

我也会用思维导图来准备我的记忆竞赛或体育比赛，帮助我总结我可能需要的一切。我会把思维导图打印出来，当作一张自我检查表，标记我已经完成的分支，以便核对未完成的事项。

图3-17是我为一场铁人三项比赛绘制的思维导图。

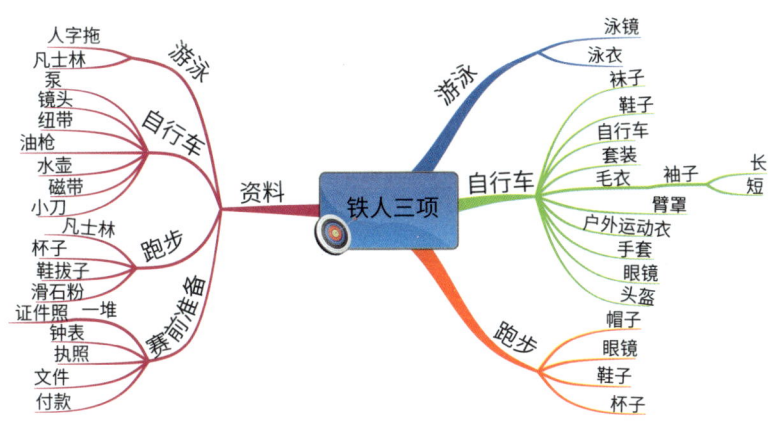

图3-17

　　如你所见，无论是赛前还是赛后，我将在任何情况下对我有用的东西都列了出来。这幅思维导图是我提前在家绘制的，我有足够的时间思考自己需要准备的物品、可能发生的意外，以及可能遇到的不同天气状况。

　　这样的准备工作会让我心安，我明白我将能够在比赛中应对任何突发情况。想象一下，如果外部环境突然发生了根本性的变化，而你没有合适的装备来应对这种变化，那么你一定会处于不利地位。在最开始时就做好充分准备，会给你带来极大的竞争优势。在一次比赛中，突发大冰雹，气温骤降到2℃，我看到很多选手因为缺乏合适的保暖装备而中途退出。

　　同样的策略也可以运用于考试。准备好你所需要的一切可能有用的东西，从舒适的衣物到具体的工具，以及能令你发挥最佳水平的食物等。也许这种准备看似夸张或无关紧要，但我向你保证，当你口干舌燥却没水喝的时候，你的思想就会游移到如何满足生理需求上去，而无法全部集中在考试上。

另一方面，你会发现，平静和自信的心态来自于准备周全所带来的安全感，这会对考试产生积极影响。

记忆概念：西塞罗法与罗马房间法

西塞罗法

该技巧可以追溯到古罗马时代，西塞罗法是以其发明者马尔库斯·图利乌斯·西塞罗的名字命名的。西塞罗以其非凡的演说能力举世闻名，可以在不依靠任何备忘录或书面笔记的情况下，轻松地演讲几个小时。

西塞罗研究出的这种技巧，使他能够完美地记住他的演讲内容。他采取的方式是在一条他已经非常熟悉的路线上选取一系列位点，并将这些位点与他演讲的关键段落联系起来。

通过这种方式，他能精确地记住他所想要阐述的主题大纲。在进行回忆时，他只需在脑海里回溯他所选择的脉络，沿着路线依次捋清所有概念。

其实在我们日常用语中就有西塞罗法的印记。你是否听过"首先，我们……其次，我们……"之类的说法？我们正是受益于西塞罗通过重新梳理一遍路线，并在过程中将各个重要结点依次回顾概念的方式。如果你不知道这一渊源，那么像"首先"这样的表达在日常用语中其实是没有意义的。

西塞罗记忆法在今天仍然被广泛使用，尤其是在记忆比赛中。第一届意大利记忆锦标赛就在罗马的西塞罗酒店举办，正是为了向这位伟大的历史人物致敬。

要想有效地利用这个方法，首先需要创建属于自己的路线。你可以建立一些具有不同位点和长度的路线，这里的长度并不以真正的长度单位衡量，而代表着那些能够代表我们需要记忆的参照点的数量。因此，长度将与我们希望获得的信息数量有关，这个数字越大，路线上的点就越多。

1. 建立有效的路线

首先可以联想一些你非常熟悉的地方和你经常行走的路线。我们可以拿着电子表格，或是干脆直接用笔和纸，写下从1到20的数字（以拥有20个参照点的路线开始）。

在选择参照点的时候，我的建议如下。

——选择当你回想起那条路线时，最清晰地浮现在脑海中的内容。

——不要让参照点连接在一起或距离太近，否则记忆容易混淆。

——选择明确的参照物，例如某个能够吸引眼球的物体（可能是一棵树、一座喷泉、一张凳子、房屋入口等）。

——选择可以形成单向顺序路径的参照点（我从不在同一路径上折返）。

——顺序必须是连贯的，即临近的两个参照点不应该出现在道路的两边。例如，如果在从家到学校的路上，我发现烟草店在右手边，肉店在左手边，那就排除其中一个，不要同时选择二者，因为当我之后回忆时，有可能会怀疑到底哪一个先出现。为了避免这种混乱，最好一直选择同一侧的参照点，以便在进行"精神上的行走"时，满足所有参照点在同一侧的要求。

这是根据我自己的路线所总结出来的要点。选择不熟悉的新路线是没有意义的，因为选择路线的重点在于你能清楚地记得它。

所以，你可以根据自己的路线，在下面记录属于你的独特的参照点。

确定好参照点，就可以将每个点与要记住的信息联系起来。

不过，在继续下一步之前，最好先复习一下参照点的顺序，以便记忆。同时，可以关注一下那些位于5的倍数上的参照点，这样，如果有人问你第7点是什么，你就可以缩短思维的旅程，直接从第5点开始前进2点。

2. 什么时候使用西塞罗法

当需要记忆某些重要的信息时，我们就会在信息与参照点之间寻找联系。这些参照点如同一副扑克牌，每张扑克牌都是形式相同、信息相似的卡片，但其代表的内容不同。

请你设想一下你在学习某个章节时推导出的关键词，再将关键词沿着路径放置在参照点上。你会发现，一旦你把它们都放在同一个平面上，就会失去那种思维导图才能体现的精确的层次结构。

西塞罗在演讲中使用这种方法，是因为他需要借此提醒自己，自己已经掌握的"宏观主题"，即他已经知道自己想说什么了，只是需要记住阐述的顺序。

比如说，假设他想谈一谈下面几点。

——足球。

——圣诞礼物。

——学校旅行。

——电影。

那他所需要做的只是在第一个参照点上关联足球，在第二个参照点上关联圣诞礼物，在第三个参照点上关联学校旅行，在第四个参照点上关联电影。

接着他就可以开始按顺序进行阐述："首先，我们谈一谈与足球有关的故事……"，他会即兴演讲第一个要点，然后转移到第二个参照点，那里对应着关于圣诞礼物的话题。

演讲主题的具体内容是什么，西塞罗早已了然于胸。然而，如果他要谈论足球的比赛规则、球员角色或其他内容，这项任务就会变得更艰巨。比如，如果他想接着谈谈高尔夫，是不是得把"足球"与"高尔夫"这两个宏观话题放在同一平面上呢？如果是在思维导图上，那么"高尔夫"与"足球"将成为两个不同的分支，每个分支都有自己的子分支，分别代表着比赛的规则、特点和目的。

因此，当你的信息清单中的内容重要性相同时，你可以使用西塞罗法。比如以下几点。

——一个州的地理数据，如面积、人口、密度、货币和国内生产总值。

——一系列的事物、特征或对象（例如意大利的地区）。

——一首诗。

罗马房间法

罗马房间法的原理与西塞罗法完全相同，只不过在运用该方法时，我们需要想象自己处于一个封闭的环境中。在脑海中模拟房屋内部的画面，一个房间接一个房间地依次走过，创造属于自己的路径。

同样的，用罗马房间法也要注意以下两点。

——不要把参照点安排得太近，例如，每个房间对应的参照点最好不要超过5个。

——遵循一定的顺序，不走回头路。我的意思是，在进入房间以后，必须遵循一定的参观顺序。就我个人而言，我习惯沿着顺时针的方向走。如果某个参照点并不顺路，那么最好不要使用它。

对于使用西塞罗法和罗马房间法来说，提前创造一条完美的路径是至关重要的。要做到这一点，需要在心里默默地计算，均匀地分配参照点。一旦确信你所选取的位点是有效的，就要把它们当作地标，给它们编号，并着重标记位于5的倍数的参照点。

接着你就可以在脑海中复盘一遍，数一数参照点。在你复盘的过程中，想一想每个数字对应的位置。可以先按顺序一个个来，接着再随机抽查，这样你就能立即反应过来，哪一点对应的是哪一个特定的数字。

西塞罗法和罗马房间法可以结合起来使用。你可以以卧室为起点，穿过所有的房间后，再离开房子，前往学校。

这样，你就会先用罗马房间法，再用西塞罗法。重要的是，沿途的位点必须清晰地刻在你的脑海中。

现在我们已经掌握了所有的记忆技巧，那么如何将它们付诸实践呢？

在第四章，你会看到几个案例，说明我们如何将所学到的记忆技巧应用于不同的学科。

在实践中提升学习能力

第四章

学习方法与
记忆技巧在不同学科
中的应用

现在让我们看看如何在学习中有效地应用第二章讲述的学习方法和第三章讲述的记忆技巧。

在本章中，你将使用前文讲过的方法与技巧，学习不同的科目与主题。

1. 地理：分析课文

2. 撰写文章

3. 背诵诗歌

4. 几何学：定理

5. 几何学：定义

6. 几何学：公式

7. 外语：英语

地理：分析课文

　　让我们将学习方法论中的所有要点付诸实践吧！我们以地理的课文内容为例，帮助你理解要通过哪些步骤才能迅速掌握概念。

　　摒弃那种从标题后第一行就试图给所有内容画上重点标记的学习方法，它是极其无益且低效的。

　　现在让我们按照以下10个要点进行学习。

　　第1点：做好学习环境和学习用具的准备。

　　选择好你的学习环境，创造一座学习的"殿堂"，让五种感官都得到刺激，从而更有效地学习。学习环境的准备不是一次性的，以后学习任何科目都适用，无须在这方面浪费太多时间。

　　同环境准备一样，你一旦准备好有助于在学习中发挥最佳状态所需的全套学习用具，之后就不用每次都考虑这个问题了。如果可以的话，你也可以借用他人的笔记作为参考，不过一定得是准确且整洁、风格相似的笔记。否则，你还得花时间辨认字迹，这样会拖慢学习的速度。

第2点：积极向自己提问。

我们可以在宏观层面上对整本书或对某个章节实施这一步骤。例如，想象一下，如果你想写一本地理书，你会研究什么主题？

此外，我也要再次强调之前提到的3个问题。

我对地理学了解多少？

重点问题可能是什么？

重点问题的答案可能是什么？

让你的大脑自由地思考，千万不要先入为主。也许你曾经去过一些城市，在回忆完那些你已经去过的地方之后，可以试着探索你听说过的或是有你认识的人居住的，但你从未去过的地方。你一旦认为自己已经绞尽脑汁，想起了所有能想到的地方，就可以开始向自己提问，例如："它位于哪里？""它可能与哪里接壤？""它是否靠近大海？"……思考这些问题可能有哪些答案时你会发现，你的思想一直在自由地翱翔。等到你再也想不出其他有关自己国家的内容时，你就可以联想其他国家，想想这些国家在哪里，你会认识到它们在更广阔的世界里。于是你又开始联想其他大陆，以及你所掌握的关于每个大陆的情况……你瞧，到目前为止，我们甚至还没有打开地理书。所有这些步骤都是为了让大脑进入一种充满好奇的状态。现在，你会迫切地希望得到所有问题的答案。

第3点：阅读导言、序言、目录和文本指南。

有些书没有导言和序言，也没有阅读指南，但书的封底或后勒口写着：请登录某网站，获取本书的电子内容。

这条信息非常重要，一本书有配套的电子内容，以数字化的形式对书中内容进一步加以阐释，对读者深入学习非常有帮助。这是非常有价值的，在学习过程中，如果有相关的视频、纪录片或总结，我会经常使用它们，毕竟在学习金字塔图中，通过视频学习比通过阅读文字学习更有效。

接下来我会开始看目录，了解全书的结构。为了深刻理解内容，我会构建一个思维导图，并将它牢牢记在心里，这样我就能随时知道自己在学哪个部分。

假设目录如图4-1所示分为3个部分，第一部分是关于整个地球，第二部分是关于地球上的居民，第三部分则是关于国家。此外，前两部分分别大约有50页，而第三部分内容是最多的，一共有250页。

此时构建的思维导图没有必要非常深入，只要对了解全书的整体结构有帮助即可。

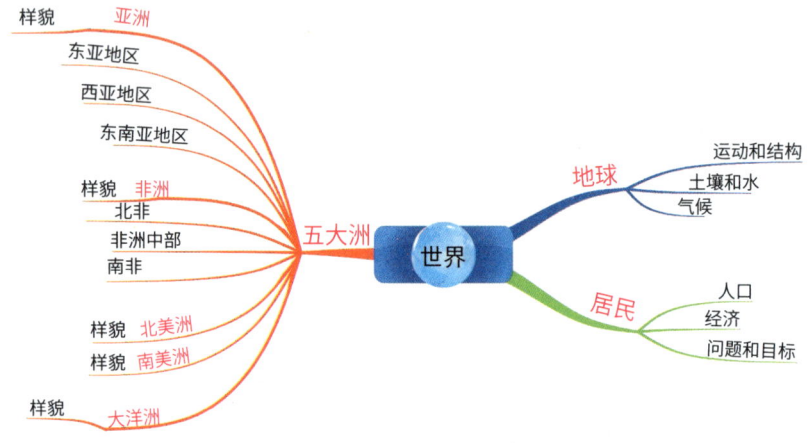

图4-1

　　由于你不是被动地接受信息，所以你会主动思考之前盘旋在脑海中的问题，例如"国家是什么？"如果你不知道，就去阅读相关的内容吧，注意从第三部分关于亚洲这个主题开始，可能会有一些概括性的介绍。

　　你可以通过互联网搜索，进行更深入的了解，从而发现亚洲是一个大陆。

　　还可以查一查国家和洲的区别，你就能总结出一些知识点。例如，地球上有七大洲：非洲、北美洲、南美洲、欧洲、亚洲、大洋洲、南极洲。

　　我知道你可能在想：我做这一切的目的是什么呢？是不是

在浪费时间呀，毕竟我还没有开始读自己真正要学的内容！

永远不要忘记，你是为了向别人讲解而学习，而不是为了应付考试，所以你需要详细地了解一切知识。

这时再去看书的目录，你会注意到，在第三部分，七大洲中的五个洲都得到了深入的讨论，那么有关欧洲和南极洲的知识可能不包括在这本书的教学大纲中。

你可以重新确认并组织你的思维，以属于自己的方式构建思维导图。你需要找到一个清晰的个人视角，对相关内容进行主观性解释，只有这种深入理解才能帮助你向别人讲解。

在学期一开始就着手这项建设性的工作是最为理想的，不过如果你是一边学习一边画图，也不失为一个好主意。很多时候，我们在学校只关注当天的课程，而忽略了知识的整体性。例如，我们碰巧学到中国的人口有多少，知道经济发展依靠什么，但我们不知道中国在地球上的位置。

要知道，思维导图能让所有知识点变得更加明确。传统的目录索引结构只是一个简单的知识列表，无法清晰地提供总结。另一方面，从导图上也可以立即看出，这本书首先讲述的是地球，而后是其居民，最后是世界上的各个部分。现在让我们看看如何研究一个具体的地点，如中国。我们也以索引为基础，构建第一张思维导图的草图。图4-2是我的初始思维导图，你看，它有3个不同的分支，对应3个方面的内容。

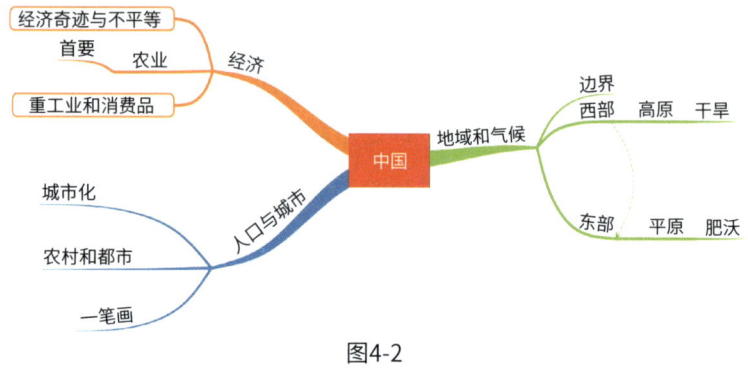

图4-2

第4点：规划时间。

假设你需要学习6页研究报告。根据以往的学习时间，你已经大致了解自己需要多少时间来完成这6页研究报告。另外，如果你事先做好了每周的计划，你会发现自己上午上完学校的课后，当天下午就可以学习这6页内容。如果老师已经在课堂上讲解过这6页内容，那么你已经拥有了在课堂上通过做笔记形成的思维导图。复习变得更加轻松了，你只需要重新排列，添加一些细节，仔细上色，添加插画，导图就能最终成型。所以说，在课堂上用思维导图做笔记是非常有必要的，等回到家，你会发现学习任务已经完成了大半。而那些在课堂上一直心不在焉的人，在家里学习使用的时间可能要多出一倍。

此外，请记住，在学习过程中，要遵循40分钟学习—15分钟休息—5分钟复习的循环法，在最后的5分钟里，你应复习前40分钟绘制的思维导图。

第5点：泛读或略读。

现在，假设你要对某章内容进行泛读或略读，在几分钟的时间内尽可能掌握完整的内容。当然，开始这一步的前提是你已经检查过这一章的结尾没有关键要点的总结或相关概念图，如果有的话，你应该首先关注结尾部分。

此外，页面边缘的内容也可以用来作为思维导图的参考，能帮助你得到高分，但极少会有人注意到这里。当然，我们不仅要熟记页面边缘的内容，而且要观察思维导图，了解宏观层面的内容。有时候，一些学生已经掌握了页面边缘的内容，但当被问及"它与××的关系是什么？"，由于缺乏宏观的视角，他们无法给出答案。

你需要注意观察以下内容。

——方框里的内容。

——每节最后的提问或练习。

——带有说明的图片。

——段落标题（放在思维导图中）。

——特殊字体的文字内容。

短短几分钟内，你会对这些内容拥有相当深入的了解，此外，每节最后的提问与练习的答案是你在批判性阅读期间需要寻找的。

例如，如果书中有如下问题。

——中国最重要的河流有哪些？

——长江是如何形成的？

——黄河为什么被称为"黄河"？

关于第二个问题，你会发现你不仅不知道它是如何形成的，甚至不知道它到底是什么。

此外，你也希望了解一些关于气候的信息，尽管它没有出现在最后部分的问题中，但却是标题的一部分。你还会尝试了解三峡大坝的重要性，因为书中给出了一个插图，旁边的方框里配上了描述性的文字。

第6点：批判性阅读和提取关键词。

完成上述事项后，现在开始仔细阅读文本内容。注意，要寻找书本中所有问题的答案，理解相关概念，分析出有助于记忆的关键词，准备好随后向同学进行讲解。

其实，文本中显眼的黑体字内容已经给予了你莫大的帮助，这些关键词是最有可能用来放在思维导图上的。

第7点：检查关键词。

阅读并理解全部知识点后，请检查一下，如果只看突出显示的关键词，你是否能够以通俗易懂的方式，全面讲解所有的概念。

第8点：记忆整个思维导图。

选取关键词是为了初步绘制思维导图。当导图的架构搭建完毕，且完成了与各个分支的连接，你就可以继续插入图像、绘制颜色，以及补充其他你需要的内容，使其有效地帮助记忆，直到最终大功告成。思维导图定稿后，就可以使用脑海演示技巧来记忆它的每一部分。

思维导图是一个主动的学习系统，允许你在构建的过程中保留大部分信息，而脑海演示技巧将会帮助你继续记忆那些尚未完全掌握的内容。

一旦记住以后，你就可以把导图从眼前移开，判断自己是否能够回忆起所有的概念。如果发现有遗漏，就想办法强调遗漏点，比如使图像更生动，或是再涂上一层颜色，让它变得更醒目，直到你能够完全掌握这个主题。

以这种方式进行学习，不仅可以节省时间，还能让人始终保持全局观，从宏观的学习层面出发，逐渐探索更多的细节。

第9点：练习陈述思维导图中包含的内容。

这是关于如何准备口试的问题。在口试时，仅仅掌握知识是不够的，还必须保证以下两个方面。

——做好情绪管理。

——表达流畅。

如果你想了解这部分内容，以更好地将学到的知识表达出来，请重新阅读本书第110—111页内容。记住，如果你不擅长表达，那么这一方面的训练是必不可少的，直到它成为你的强项才行。千万不要出现明明做好了万全的准备，却因为没有良好的表达方式或因紧张而搞砸一切的状况。

第10点：长期记忆。

要想长期记住学到的知识，应当时刻在脑海中回顾思维导图。我们也提到过，要在学习完毕后的一小时、一天、一周到一个月后，不断地复习。不要像大多数人那样，一旦当下学完了，就再也不复习已经学过的知识。只要在适当的时候花几分钟时间，你就有机会永远记住已学内容。至于那些不会复习的人，等到他们再次被问及过去的知识点，就会发现自己已经把一切都抛之脑后了。如果他们要参加一次类似的考试，可能不仅仅是再次复习这些内容，而是得重新学习一遍。

撰写文章

之前我们在第三章中学到过，我们可以利用思维导图来写作。一旦绘制了思维导图，记录下所有要点，并以一种流畅的方式将之联系在一起，写作就会变得容易多了。

假设文章的题目是：想象你是一个历史事件的主角，请写一篇自传体日记，讲述你的故事。

第一步是绘制思维导图，定下你希望获得的分数，以及文章要获得相应分数应具备的特点，从而选择并确定行文的思路。如果你想得到好成绩，那么提交的文章必须整洁，没有修改痕迹，字迹赏心悦目。当然，还有许多其他能帮助你提高成绩的细节。

你希望给老师留下深刻印象吗？想象一下，老师在家里批改大家的作业，其实是一件非常辛苦、枯燥的事情。所以你可以写一些东西化解他的无聊情绪，让他对你的作品产生好奇心，产生阅读的欲望。比如，你可以等到文章的最后再表明身份。你也可以想象自己在写一篇游记，你在文中所写的一切都是一个梦，例如自己是某个伟人的梦。你可以着重描述细节，生动细致地展现梦中的情绪。

因此，一旦你找到了能让你获得高分的出彩点，那么关键步骤就在于用正确的方法把这些出彩点放进你的作文中。你如果想让老师在众多文章中注意到你的文章，就必须让你的文章引人入胜。什么能让人产生阅读的兴趣？当然是写一些出其不意的、令人惊喜的内容。

你想让文章变得更流畅吗？那就以线性方式写作吧，不要从一个主题突兀地转折到另一个主题，而是通过某种连接慢慢过渡。你可以这样做，例如，用段落的最后部分来引出下一个话题。你还可以在变换主题时加以总结，段落的小标题和标点符号的使用会使内容更清晰明了。

这种方法可以应用于创作任何类型的作文、论文或文章。建议你在写作前花15分钟绘制思维导图，把所有的想法都记录在分支上，然后进行分类，而不是一开始就把脑子里的内容毫无条理地写下来。因为后者很有可能会导致：你在写作过程中，当脑海中迸发出新的想法时，却不知道该如何安置。人们总是陷入自我欣赏的误区，通常会选择在文章中加入新想法。

但问题是，这个新想法很可能与文章中其他部分的内容没有联系，加上以后反而画蛇添足，使文章整体失去协调性。

　　思维导图应用于写文章时，目的不在于帮助记忆，所以可以不画插图。它的实际用处在于对我们的想法进行排序，也就是说，你一旦把你的想法以思维导图的形式记录下来，就能以合理的方式排列这些分支上的内容。图4-3是我为某次写作制作的思维导图。

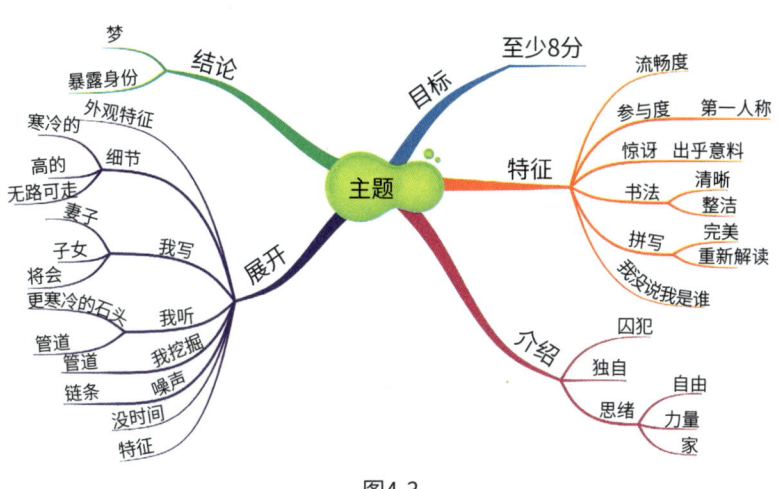

图4-3

现在你已经学会了如何用思维导图撰写文章，作为练习，你可以用以下题目制作一个思维导图："你是支持还是反对在学校使用信息技术？"然后依此撰写一篇议论文。

背诵诗歌

还记得在我小时候，某天下午必须学习一首诗歌，于是不再有时间玩游戏，甚至没办法观看最喜爱的电视节目，那简直是一场噩梦。那么，让我们看看如何快速地记忆这段小小的文字，摆脱这个噩梦。

我选择以加布里埃尔·邓南遮的《牧羊人》为例，用同样的方法，你可以背诵其他任何诗歌。

我们要使用的技巧是位置记忆法，由于这首诗有21句，我们需要一条有21个位点的路径。

在开始学习这首诗之前，我们需要提前了解路线，这样在学习过程中，就不必停下来思考路线的下一个位点是什么了。因此，我建议你使用西塞罗记忆法，沿着脑海中构建的路线走上几遍，直到你觉得可以继续推进为止。我们要做的是为每句诗词创建一个精确的图像，并将其放置在与诗词编号相对应的地方。

不过，在开始之前，首先要阅读诗歌标题。并问自己几个问题。

——诗歌中的牧羊人是谁？

——他们有多少人？

——他们在哪里？

——他们在做什么？

——他们如何行动，如何工作？穿着打扮如何？

——故事发生的时间是什么？

——为什么要讲牧羊人呢？

请你在心中默默回答上述问题，以活跃的思维，为学习这首诗歌做好准备。你一定会非常好奇，希望了解加布里埃尔·邓南遮真正描述的是什么。这是我最先想到的问题，而你可能还会有不少其他有意义的问题，这些问题同样是有用的。一般来说，最开始的问题都是下面这几个。

——何人？

——如何？

——何地？

——何时？

——为何？

你会发现，每一个问题都能引出更多问题，而所有问题都能帮助你更好地理解这首诗。

让我们回顾一下上面提出的问题，并假设可能的答案，或继续提出其他有趣的问题。

——邓南遮诗歌中的牧羊人是谁？

他们是他的朋友吗？是他原本就认识的人吗？是与他生活在同一片土地上的人吗？

——他们有多少人？

是很多人聚集在一起，还是只有零星几个？他们是一大群人一起放羊，还是每个人都有自己的羊群呢？

——他们在哪里？

他们是在村里的酒吧，还是在草地或马厩里？他们旁边有动物吗？

——他们在做什么？

他们是在草地上读书，还是在散步，或是追赶迷路的羔羊？

——他们如何行动，如何工作？穿着打扮如何？

他们是缓慢地行动，还是快速地行动？他们是在快乐地干活，还是在担心某种危险或即将到来的坏天气？他们穿着轻便还是厚重？

——故事发生的时间是什么？

这个场景发生在几月？是春天、夏天还是秋天？这段时间是邓南遮生命中的哪个时期？他写这首诗的时候多大了？

——为什么要讲牧羊人呢？

我认为，如果作者决定写某个话题，那一定是因为这个话题触及了他积极或消极的情感。

所以我问自己：他对牧羊人是否有某种同理心？

他喜欢他们的工作吗？他也想成为一个牧羊人吗？还是说他厌恶他们，因为他们到了村里后，把一切都弄得脏兮兮的？

现在，从头到尾读一遍这首诗，试试沉浸式体验诗歌中描述的内容。

九月已至，我梦归故里。当是羊群换场的时光。

此刻，阿布鲁齐大地的牧羊人，

从羊圈出发，向大海奔赴，

赴往山区牧场般，

野蛮碧绿的亚德里亚海滨。

他们畅饮山泉，

让故乡甘露的甜美

治愈异乡人旅程的干渴，

长久滋润他们的心灵。

他们折下榛树枝，制成一根根拐杖。

他们沿着古老的草径走向平原，近乎于跋涉。

平静的绿色小溪，

踏着祖先们的足迹前行。

啊，那发现澎湃的大海的第一人！

发出了怎样的欢呼！

此刻羊群沿着海边蹒跚前行。

空气依然是那么清明。

太阳将金色晕染在羊儿的绒毛上，

就像黄沙一样的金色。

海浪，踏青，这喧嚣多么的柔情。

啊，我为何不与我的牧羊人厮守在一起？

——加布里埃尔·邓南遮

现在，让我们回顾每一节诗文，并分别为此构建一幅画面。在下面几页的表格中，插入属于你的路线位点，并把这些画面串联起来。

序号	位点	诗句	画面	图像
1		九月已至，我梦归故里。当是羊群换场的时光	以第一人称为视角，想象你是一个牧羊人，8月31日午夜的钟声敲响，你说：又是九月，我禁不住神游故里，当是羊群换场的时光	
2		此刻，阿布鲁齐大地的牧羊人	想象你和你的牧羊人在阿布鲁齐的土地上	
3		从羊圈出发，向大海奔赴	想象你的牧羊人在家里度过了一整个夏天，他们带上家中的物什，前往大海	
4		赴往山区牧场般	想象大海染上了牧场的绿色	
5		野蛮碧绿的亚德里亚海滨	想象他们来到了蛮荒的亚德里亚海（一片原始之海）	
6		他们畅饮山泉	想象牧羊人畅饮泉水，以至于泉水干涸了许久	
7		让故乡甘露的甜美	泉水自高山而下，仿佛他们故乡村庄的味道	
8		治愈异乡人旅程的干渴	之后很长一段时间，他们都不会再干渴	
9		长久滋润他们的心灵	想象泉水流入牧羊人的心田，安慰他们	

（续表）

序号	位点	诗句	画面	图像
10		他们折下榛树枝，制成一根根拐杖	想象他们折下榛树枝	
11		他们沿着古老的草径走向平原，近乎于跋涉	想象他们沿着古老的小径走向平原	
12		平静的绿色小溪	想象一条无声的草河映入眼帘	
13		踏着祖先们的足迹前行	想象他们踏着前人的脚印	
14		啊，那发现澎湃的大海的第一人	想象那个人认出了大海的波浪	
15		发出了怎样的欢呼	想象自己听到了那个在所有人面前欢呼的声音	
16		此刻羊群沿着海边蹒跚前行	想象羊群此刻羊群沿着海岸线行走，	
17		空气依然是那么清明	想象空气清新，令人感到清爽	
18		太阳将金色晕染在羊儿的绒毛上	想象太阳给羊毛镶上了金边	

（续表）

序号	位点	诗句	画面	图像
19		就像黄沙一样的金色	想象金色的羊毛跟金色的沙融为一体	
20		海浪，踏青，这喧嚣多么的柔情	想象一下你同时倾听涛声与脚步声，这些声音是多么甜蜜	
21		啊，我为何不与我的牧羊人厮守在一起	想象你也想加入他们，但是很遗憾，你无法来到他们身边	

现在，一边重读整首诗，一边回想你所想象的画面。

这一次重读的目标是完成下面两项内容。

第一项：在脑海中逐句浮现整首诗的画面。

第二项：记忆诗中的确切词语。

如果一时间想不起某些特定的词语，你可以在复述诗歌时改变其对应的画面，以确保记住正确的词语。例如，如果你记不起第13句中的"足迹"，脑海中只剩下脚印的形象，那么你可以改变这句话对应的画面，想象他们在"古代祖先的足迹"上行走，以回忆正确的词语。

重读完毕，请你在脑海中复习一下，沿途思考每一个要点对应的画面。如果遗漏了任何一个画面，请睁开眼睛，再次确认并加深对该画面的印象。

等到画面可以在你脑海中清晰呈现时，你就该提高背诵的流畅度了。

要做到背诵流畅且稳定，最有效的技巧就是放慢节奏，以防外界干扰。在背诵诗句时，你会有足够的时间在心中预想下一句的内容。这样一来，你就不会背得磕磕绊绊，甚至听众都会认为你已经很好地理解了这首诗。

现在，你可以小试牛刀，试着在不动笔绘画的情况下，创造属于你自己的画面来背诵一首新的诗歌。

要知道，背诗一直是记忆比赛项目之一，记忆选手只需要花几秒钟就能记住一句诗。你也可以做到这一点，只要了解你的记忆路线，并快速创建图像即可。

另外，要想取得好成绩，单纯的阅读和背诵是不够的。请记住，必须深入理解诗句，明白它们的含义。

你如果深入研究某些诗句的含义，就会发现许多有趣的内容。例如，《牧羊人》的最后一句话表达了邓南遮想和牧羊人一起生活的愿望……如果你深入探究，你会发现，这是因为作者在40岁时经历了人生剧变，因此深深怀念着故乡的土地。当时的邓楠遮住在佛罗伦萨，这是一种典型的思乡之情。

了解这些信息也有助于提高你的成绩。你可以使用完全相同的方法练习背诵一首你想要学习的诗歌，比如下面这首乔苏埃·卡尔杜齐的诗。但你要选择一条新的记忆路线，因为两首诗用同一条路线可能会引起记忆混乱。

牛

我爱你，

牛儿啊，你多么忠诚；

你性情温驯，

将平静与生机注入我的心间。

牛儿啊，你多么庄严；

像一座丰碑，

瞭望广袤丰饶的田野。

啊，你欢快地钻进牛轭，

减轻人们耕作的辛劳。

他鞭笞你、催促你，

你依然眼含沉静地回应，

脚步迟缓而沉着。

宽大而湿润的黑色鼻孔喘着粗气，

那是你的灵魂，

如同一支欢乐的小曲，

吼叫声消弭于晴空。

沉稳的蓝色大眼中，

饱含朴实与和顺，

映出辽阔的绿色田野，

寂静而又神圣。

——乔苏埃·卡尔杜齐

几何学：定理

定理是数学学科研究的重要内容。

如果没有恰当的学习方法，它们常常会成为学生学习的绊脚石。

以图4-4中的欧几里得定理（射影定理）为例。

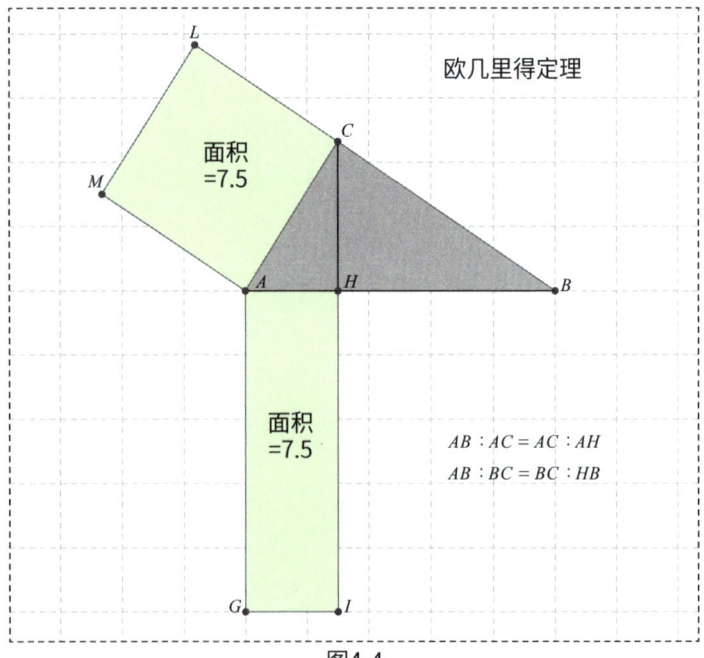

$AB : AC = AC : AH$

$AB : BC = BC : HB$

图4-4

直角三角形中，斜边上的高是两直角边在斜边上射影的比例中项，每一条直角边是这条直角边在斜边上的射影和斜边的比例中项。

首先，我们如果没有理解这句话的含义，就很难把这句话背下来。而要理解其含义，就必须了解定理中每一个名词与概念的意思。

那么，退一步问问自己："我是否能向一个不知道什么是三角形的人解释这一定理？"如果你不能，就回过头去再看看定义。也许你能画出相应的图形，却无法对其进行正确的阐释，这会导致你的学习结构不合理，无法取得理想的成绩。

观察并研究相关定义，并用最简练、最贴切的语言进行表述。否则，你即便已经理解了概念，也无法表达出来。

我问你，现在你能不能向一个一无所知的人解释以下概念？

——什么是直角三角形？

——什么是三角形的高？

——什么是比例？

——什么是比例中项？

——什么是斜边？

——什么是高在斜边上的射影？

了解这些概念以后，理解欧几里得定理将会变得非常简单。

你如果很难掌握某个概念，则可以尝试用图片来理解它。不要忘记，我们的大脑是以图像的方式运作的。因此，我们更容易从视觉上对事物进行理解。

如果你不理解高在斜边上的射影是指什么，那么你可以把一支铅笔平放在桌子上，使灯光正好照射在铅笔正上方。现在抬起铅笔的一端，让笔尖贴在桌面上，你会在桌子上看到铅笔的影子。这个影子就是铅笔的射影！铅笔倾斜的程度不同，则射影的长度不同。如果铅笔垂直于桌面，则射影为一个点。

如此，你将深刻理解这一概念，而不用死记硬背。

要想充分学习该定理，还应当了解为什么每一条直角边是这条直角边在斜边上的射影和斜边的比例中项。这意味着这两个三角形是相似三角形，即它们具有相同的比例。

那么，你还需要知道，在何种情况下，两个三角形才是相似的。为了做到这一点，你需要回顾相似三角形的判定标准。

第一条判定标准

三个角分别相等的两个三角形为相似三角形。

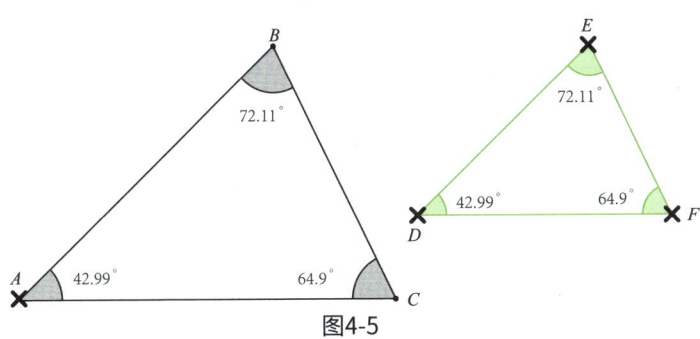

图4-5

第二条判定标准

如果两个三角形有两条对应边成比例，且夹角相等，
那么它们是相似三角形。

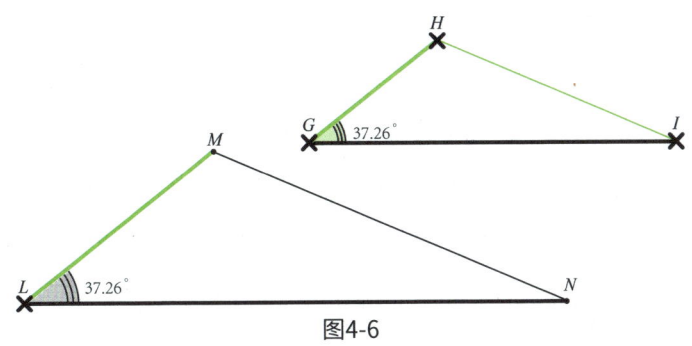

图4-6

第三条判定标准

如果两个三角形的三条边都成比例，
那么它们是相似三角形。

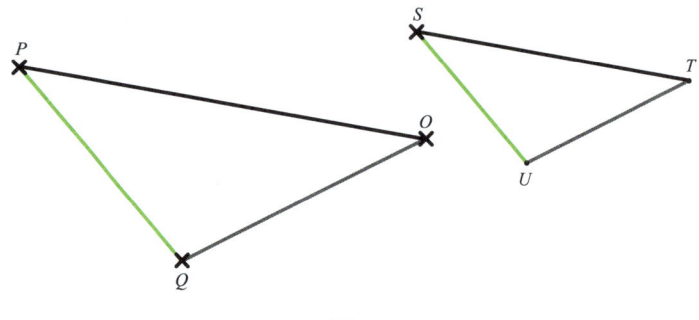

图4-7

你应当细致而深入地了解"相似"的含义，了解两个三角形在何种情况下才能是相似三角形。很多人总是试图死记硬背上述3条判定标准，但掌握其内涵才能让记忆知识变得更轻松。

我常喜欢说："要把某样东西学好，好到你可以忘记它。"意思是，如果你用我的方法学会某种知识，你将永远不必再去复习，因为你已经透彻地理解了其背后的概念。

掌握这3条判定标准以后，你对欧几里得第一定理的理解就更加深刻了。你会意识到，定理中的两个三角形，即外三角形和内三角形，是相似三角形。它们有3个相等的角，因为其中一个角是直角，另一个角是公共角。

每一条直角边是这条直角边在斜边上的射影和斜边的比例

中项。你知道这两个三角形是相似的，那么其每一个对应的元素都是等比例的，你就可以很轻松地写出公式：

$$AB : AC = AC : AH$$

学会这一点，且掌握了比例规则，你就可以写出：

$$AC^2 = AB \times AH$$

同样的，在研究图形之间的等距离延伸时，你也将有能力阐释欧几里得的第一定理。

在每一个直角三角形中，建立在高上方的正方形面积与斜边和高在斜边上的射影构成的长方形面积相等。

这时，我们才真正理解了这一定理，并能拓展应用，以所有可能的方式重新加以论证与阐述，而不是死记硬背。

现在我们已经学会了如何记忆数学定理，接下来看看如何快速学习定义。

几何学：定义

在学习几何学的过程中，掌握相关定义是必不可少的。显然，定义并非是轻轻松松就可以记住的内容，了解它的内涵至关重要。我们必须时刻将学习讲解的原则铭记于心，正如我在前文所述，只有理解了内涵，才能进行记忆。

不过，很多人觉得一旦理解了定义，就没必要再进行背诵了，但事实并非如此。

我们曾经学过很多知识，但现在是不是已经有很多记不起来了？只有当一个人理解了定义，并且能够在特定情况下轻松推导出与之相关的信息时，他才能直接且自发地建立回忆。例如，如果我已经理解了什么是几何图形的周长，那么几乎计算所有几何图形的周长和面积都会变得很直观。我说"几乎"是因为，计算圆的周长之类的内容，就不是那么容易了。理解和记忆是两个不同的阶段。

对于记忆而言，我们应当运用图像联想的方式。记住，要让孩子在玩耍中学习，通过娱乐和体验获取知识。

为了让孩子学习锐角、钝角、直角等相关知识，你可以运用不同颜色的便利贴，例如，你可以让他在家里寻找各种物体的角，要求他把5张红色的便利贴贴在直角的物体上，5张绿色的便利贴贴在锐角物体上，5张蓝色的便利贴在钝角物体上。

这种学习对孩子来说是一种游戏，也是寻找"宝藏"的过程，他将在不知不觉中掌握知识。

让我们来看一些如何记忆定义的例子。

余角定义：如果两个角的和等于90°（直角），那么称这两个角"互为余角"，即其中一个角是另一个角的余角。

想象同学们组成乐队在一个角内演奏音乐，另一个角内余教授正向此走来，两个角拼在一起刚好形成一个直角。

图4-8

补角定义：如果两个角的和等于180°（平角），那么称这两个角"互为补角"，即其中一个角是另一个角的补角。

想象足球场上一个正在踢足球的角，正靠近另一个角，补进最后一球后比赛结

图4-9

束，两个角拼在一起正好形成一个平角。

现在，作为练习，你可以试试记忆圆角定义。

如果两个角相加等于360°，那么这两个角"互为圆角"。

此外，在几何学中，我们有时还必须记忆很多公式，让我们接着往下看……

几何学：公式

要记住一个公式，理解公式是基础，但有时这还不够，我们需要一种记忆方法，以在接受提问时出色地展现自己的水平。

假设我们想记住计算等腰梯形面积的公式：

$$A = (B + b) \times h/2$$

为了进行记忆，我们要把它转化成图片（如图4-10），并与公式的名称联系起来。想象运动员爬上梯形的梯子（字母A看起来像梯子），附近有一条铁轨（代表等号）穿过，一只桶在铁轨旁边（代表两个括号，桶上立着一个嘴唇（代表字母B）、一个高尔夫球杆（代表字母b），桶的右边是一个十字标（代表乘号×）和一把椅子（代表字母h）。椅子下面（桌面的边缘代表除号/）有一只天鹅（代表数字2）。当然了，还可以使用谐音记忆法和韵律记忆法。

图4-10

这样一来，记忆公式就变得更容易、更有效了。有人提出反对意见："我每次都必须联想这么多画面才能记住一个公式，难道我不能直接通过重复来记忆吗？"的确，在我们还未熟练掌握记忆技巧的时候，可能还不如直接记忆来得快。

这就好比我们在学习骑自行车时无法保持平衡，我们可能会想："如果我走过去，早就到了。"可是，我们一旦学会骑自行车，是不是就能走得更远呢？

现在让我们记忆圆的面积公式：

$$S= \pi r^2$$

要想记住它，你可以想象一个木凳子（代表π）旁立着一根树杈（代表r），树杈右边的枝头上趴着一只小鸭子（代表2）。

做个练习吧，你现在可以试试记忆球体的体积公式：

$$V = \frac{4}{3}\pi r^3$$

下一节让我们来看看如何学习外语，具体来说，是如何学习英语。

外语：英语

　　枯燥乏味与没有参与感是阻碍学习的主要原因。想一想，如果别人使用另外一种语言与你沟通，而你完全无法听懂，岂不是非常无聊。

　　在学习英语的过程中，儿童或青少年遇到的主要困难是英语的发音与母语的发音不同。

　　对于英语学习者来说，关键是要清楚地知道，英语中有一些母语里没有的发音，我们必须掌握这些发音，不能把母语的发音应用在英语上，反之亦然。

　　因此，首先要做的是调整对英语发音的理解，先听懂，再模仿。如果我们在国外用母语的发音来念我们看到的文字，那很少有人能听懂我们在说什么。

　　我们习惯于从书本上学习，以为自己已经掌握了知识。然而不幸的是，我们其实并没有学会多少……还记得我在一开始说的关于潜水的问题吗？你不能依赖书本学习……无论你是否愿意，你都必须下水！学英语也是如此，你必须张嘴使用它们。最重要的是，要将积极的情绪与语言学习联系起来。

如何才能做到这一点呢？

想一想你的孩子有什么爱好，看看如何将英语与他的爱好相结合。

他喜欢动画片吗？那么你可以给他看一些好看的动画片，先看母语版，这样他就能理解剧情并喜欢上这个故事，然后再和他一起看英语版。一定要选带英文字幕的那种，这样他就能同步学习发音和拼写。

观看优质纪录片也是很好的学习选择。选一些孩子感兴趣的话题，和他一起观看有英语配音和英文字幕版本的纪录片。

纪录片与电影不同，它很适合用于学习，因为解说总是在描述与画面对应的概念。在电影中，一个坐在飞机上的人可以谈论他的孩子在什么学校上学，而在画面中我们既看不到他的孩子，也看不到学校。

聆听和观看我们感兴趣的英文内容，我们的发音会越来越标准，口语会越来越流利。请记住，要学习正确的英语发音，我们必须用嘴唇、舌头和下巴模拟一些在说母语时从未做过的动作。

刚才讲的是学习英语的发音，现在让我们看看如何快速地学习英文单词。

我们需要做的是遵循精确的记忆模式。

——为该词的母语发音创建图像。

——为该词在外语中的发音创建图像。

——创造性地将以上两个图像联系起来，并且一定要先从母语的图像开始。

很好！到目前为止，你已经明白了传统学习的局限性在哪里，想要克服这些局限性，除了学习记忆技巧与方法，并将方法付诸实践，就只剩下最后一步了。

想要提升学习能力，没有比实践更有效的方法。既然我们已经掌握了不同科目的学习方法，接下来要做的事情就是将它们付诸实践。先从需要学习的科目或主题中选取一篇文章，然后一步步按照我们学到的方法进行学习。记住，如果章节末尾有文字摘要、概念图或检查练习部分，你可以先从这一部分开始，以便更快地获取信息。

祝你顺利完成任务。

现在剩下本书的最后一章了，那就是在同样的知识水平下，如何让自己脱颖而出。

如何进一步提升自己

第五章

走向卓越

如何得到老师的表扬

我们还可以从哪些方面进一步提升自己呢？我当然可以随便说一个简单的答案，但我希望这个问题的最终答案是权威的，应当由在学校里负责给学生打分的人，也就是老师给出。因此，我对在我的网站中注册的教师用户做了一项调查。

我让他们回答以下问题：在两个学生考试结果相同的情况下，如果你需要给其中一个学生打更高的分数，那么你会选择拥有哪种特质的学生。

——做事井井有条。

——乐于助人。

——在课堂上专心致志。

——拥有良好的教养。

——善于沟通。

——做事全力以赴。

——积极的态度。

——提前预习。

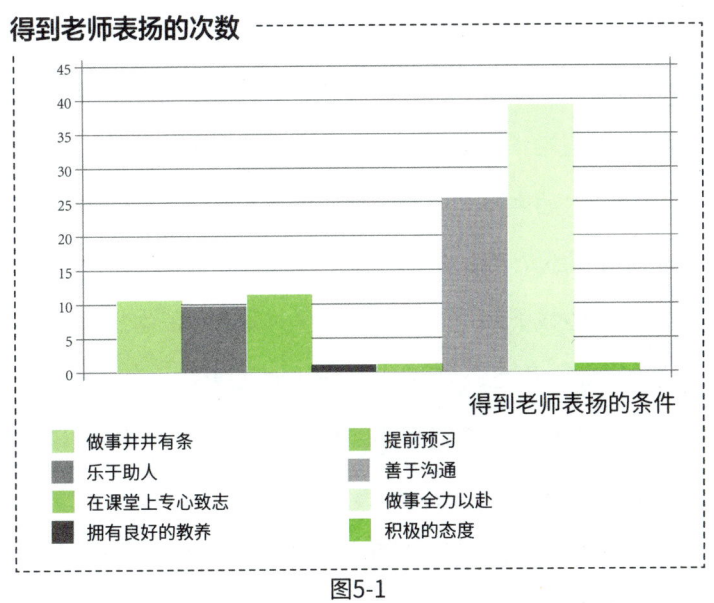

图5-1

　　通过这些答案，我们可以拥有一个全新的视角去思考究竟哪些方面更值得被关注，以及如何在课堂上表现自己。好了，你已经了解了老师的想法，那么让我们看看你能做些什么来成为一个模范学生。我会在下文中详细阐释得票最多的答案，当然也包括排名较为靠前的那些因素。

做事井井有条

这是一个非常直观的特性。一个将家里整理得井井有条的人做事也会更有效率，因为他知道到哪里能找到想要的东西。说到底，整理工作其实很简单：在使用某样东西后将其放回原处，总比在以后需要时四处寻找它花费的时间少。也许曾经发生过这样的情况，你上班临出门时发现需要某样东西，在家翻箱倒柜半天也找不到，因此还迟到了。丢失物品本身就是一件不愉快的事情，而且还会导致更为糟糕的后果。

外部的有序和内部的有序之间是相互对应的，内部的有序指的是精神秩序。

老师能够从各个方面感知学生是否是一个生活得井井有条的人，例如整洁的衣服、笔记本、铅笔盒，甚至是使用课本的方式。如果你孩子的笔记整洁干净，那他肯定容易得到更高的分数，因为老师不需要再额外花费时间弄清楚他写的到底是什么。

无论我的事务多么繁忙，我都希望自己的房子是整洁的，这样我就不必考虑任何其他问题，不会因此分心。

字迹对书写的秩序也有很大的影响。如果你意识到你孩子的字迹不整洁、不清晰，他就要多练字，改掉这个缺点。他现在已经轻松识得了所有字母，而且和幼儿相比，更能控制自己的动作，撰写文字会变得更加容易和快速。

乐于助人

一个在学习上乐于助人的学生也会得到老师的高度赞赏。

这不仅代表你的孩子已经掌握了相关的知识点，还说明他是一个心地善良的人。同学和老师听到他的讲解，都会对他非常感激。请不要误解我的意思，我不是说他要通过向别人讲解知识来表现自己，以显示他有多优秀，显示他比别人知道得更多。而是我希望他秉持一种无私奉献的态度，体验一种因帮助别人而感受到快乐的生活方式。

因为我知道，这样做其实也是在帮助自己，提高自己的学习和阐述能力。没有什么比努力帮助他人达到我们所处的水平更能使人进步和成长的。例如，对我来说，把记忆技巧传授给他人是一件非常快乐的事，因为无论如何我都要为此多加训练，成为大家的榜样，所以我会不断地进步。

还记得本书开头的学习金字塔图吗？在学习过程中，向他人教授知识能够帮助我们记住90%的内容。

在课堂上专心致志

这是影响最终成绩的关键要素之一。许多学生在课堂上心不在焉，喜欢偷偷开小差来消磨上课时间。相反，如果你的孩子在上课时通过制作思维导图来做笔记，他不仅会集中注意力，还能自发地提出有意义的问题，以探索如何在思维导图中排列分支，他会比学习成绩相同的同学更有机会获得高分。一方面，老师会对你的孩子充满好感；另一方面，你的孩子在思考他最关注的问题是什么以及他希望这些问题如何呈现时，已经对相关知识加深了理解。

在老师讲解时制作思维导图是一种能给人留下深刻印象的行为。你孩子的同伴如果不知道怎样做笔记，就得向他请教。我并不是想让你的孩子特立独行，只是希望他能通过这种方式提高学习效率，这样他将拥有更多的时间玩耍，做他喜欢的事情。反正要去上学，当然要尽可能多地利用好这段时间。许多人都是被迫去上学的，所以无法集中精神，等他们回到家里，甚至不知道早上做了什么，也许一整个下午他们都得试图弄清楚他们本可以在学校一边听讲一边就可以完成的思维导图。

善于沟通

沟通水平的差异能给学习乃至生活造成不小的影响。在学习上，有些人花的时间多，有些人花的时间少，虽然最终都能学会老师教给他们的知识，但是，却鲜有人能够完美地阐释这些知识。

出现这种情况是因为没有人教过我们如何沟通。他们只会口头上教导我们："你必须能够把你所学的知识展示出来。""你必须更自信地向我阐述。"嘴上说说确实是一件很容易的事情，但如果没有人牵着我们的手，陪伴我们探索一条学会良好沟通技巧的道路，仅靠我们自己真的很难做到。

我在"与展示有关的学习方法"部分提到过，展示所学成果与获取知识同样重要。如果你真的想让你的孩子有所改变，特别是如果他有明显的口音，你可以替他报名一个标准普通话班。他的其他同学可能不会理解，甚至会取笑他，但你看看现在公司里总有一些人不受领导重视，正是因为缺乏良好的表达能力。

这些都是非常重要的因素，而且从小就开始培养孩子，需要花费的精力也不会很多。你有没有注意到一个用标准普通话说话的人是多么迷人，多么令人舒心？人们甚至能听他说上几小时。想象一下，如果在一部纪录片或新闻节目中，主持人或演讲者的口音很重，你是不是会立即失去观看的欲望，因为它不再有那种专业的感觉。

如果你能让你的孩子拥有良好的沟通水平，他在成年后也会受益终生。

做事全力以赴

拼尽全力做事，这是非常值得赞赏的品质。的确，谁能拒

绝奖励一个已经尽自己最大努力的人呢？习惯于在学校和日常
生活中尽力而为，你一定会对最终得到的结果感到惊讶的。此
外，当我们全力以赴，内心也会感到更加丰盈和充实，这是因
为我们处于本书开头提到的心流状态。如果不发挥出自己的潜
力，我们就会感到乏味。不仅如此，我们有多少次从老师那里
听到过这样的评论："他很棒，但他还没有发挥出自己的最大
潜力。"

在体育活动过程中，我明白了这个道理，没有什么比付出
一切能给我们带来更多满足感。在这种情况下，最终得分是次
要的，因为我们知道已经无法取得更好的结果。即便你本不必
准备得如此充分，也要以学会全部知识点为目标，尽自己最大
的努力，不断挑战自己的极限。你会发现，你的坚持最终会得
到回报。

我很喜欢引用毕加索的例子。毕加索曾经说过，当他还是
个孩子的时候，他的母亲就经常劝诫他，无论他想做什么，都
要把自己的潜力发挥到极致。当他被问及如何才能成为又一个
毕加索时，他回答说："在我还是个孩子时，我母亲告诉我：
'如果你是一名士兵，你就必须成为一名将军……'而我是一
名画家，于是我成了毕加索。"

鼓励自己尽力而为的一个方法是简单地问自己："我是否已
经拼尽全力？"这个问题能让我进行自我反思，让我明白自己

究竟在做什么，并从根本上改变学习方法，尤其是在我注意力涣散、身心疲惫的时候。

提前预习

提前做好准备有利无弊，而且可以节省时间。很多人总是被动地等待学习任务和需求的降临，等到不再有选择的余地时才开始采取行动，被迫在所剩无几的时间里匆匆忙忙地学习。

我所说的"提前预习"是指在老师上课前看一眼即将学习的页面。这样一来，你就会对在课堂上即将听到的内容了然于胸。既然你已经知道了相关的信息，你就会更容易理解课堂内容，而且能够适当地提出有针对性的问题。

这就好比下雪时，刚开始落下的雪花不会留下太多痕迹，但会一点点将世界"染"成白色，而后落下的雪就会渐渐覆盖住一切，凝结成一定的形态。

在家里提前对老师上课要讲解的内容进行预习，就像刚开始落下的雪，而在学校聆听老师的讲解，就像后来落下的雪，拥有稳固的形态。

许多人认为，提前预习会增加我们的工作量。但实际上，通过预习，我们的总体工作量是减少的。预习过后，理解和记忆相关概念花费的时间变短了。为了让你的孩子接受这种观点，我可以试着给他举个例子。我不知道你是否遇到过这样的人，他每次给汽车加油只加20元的量。这是我一直无法理解的行为，也许他觉得这样花钱比较少，但在现实生活中，他这样哪儿也去不了。

还记得吗，我在本书的开头强调过，只有拥有正确的学习方法，你才会产生学习的欲望。如果你知道自己走几千米以后就会无法继续前进，怎么还会想要开启旅程呢？

况且，从总体上来看，这种方法甚至会消耗更多的汽油，因为我们经常会突然遇到需要加油的紧急情况。这时候，我们只能被迫在附近的加油站加油，甚至有可能为了寻找加油站多走几千米的弯路。

其实，我每次也都会或多或少地储备一些汽油……

但是在我这里，储备指标是指到达油箱的3/4，当汽油量低于3/4时，即便没有紧急情况，我也会找机会补充足量的汽油。这样做的好处在于，如果赶时间，可以决定过段时间再加满，或者如果我知道100千米外有个地方加油比较方便，我也可以优哉游哉地直接去那里加油。

这就是提前做准备的好处，在学习中同样如此。

如果某天下午有人邀请我参加一个惊喜派对，我可以心安理得地过去，因为我知道自己已经充分地预习，现在有充足的时间去参加派对。但如果明天有考试，而我直到最后一刻才开始学习，甚至还没来得及看看重点。这时候一个朋友打电话给我，让我去参加一个聚会，我一定会非常纠结！如果我决定去参加聚会，那我可能会感到内疚，因为还没有为第二天的考试做好准备。如果我决定留下来学习，那一想到朋友们都在玩耍，也许就无法集中注意力学习。

预习不需要花费大量精力和时间，只要按照第二章的略读方法即可。

积极的态度

很多时候，态度也能起到关键性作用。想象一下，与一个带着厌烦情绪听你讲话的人交谈是多么不幸。每当教授看到学生东倒西歪地趴在桌子上、打喷嚏或是开小差时，他就会产生这样的感觉。我知道，坐在教室里的确没什么意思，但你要明白，学习是一件有益的事情，它所带来的收获对你的未来至关重要，所以尽量积极地去体验它吧。

虽然我不知道你长大后想做什么，但无论你选择什么样的人生道路，拥有良好的教育背景及语言能力，都能够让你遥遥领先于他人。

有一天，一位顶级联赛的足球运动员参加了我的一堂课。说实话，我从未想过一个足球运动员会对我的课程感兴趣。

他是一个能够潜心研究任何他感兴趣的书籍的人。当他发言时，他比许多人更可信，更容易吸引听众。

如果我当年拥有本书的这些学习技巧，那我可能会在学校表现得更好。但也许正是因为我在学校吃过那么多苦头，如今才有机会探索这些学习技巧，所以，我要尽我所能地传播它们。

你可能无法想象，在我的领域有许多人希望取得更优秀的成绩，但由于文化水平不高，总是很难达成目标。有时你会听到一些人声称要教你如何为人处世，或是如何健康生活。但他们一旦说错某个词，或者是话语中出现知识性错误，就会立马失去大家的信任。

这就是为什么要尽可能地珍惜校园时光，以快乐积极的态度去学习。因为快乐的情绪是会传染的，也能让大家更喜欢我们。当我们热情洋溢地去学校时，老师看到我们也会很高兴，对我们产生好感。而许多学生总是带着一种叛逆的、厌烦的情绪，也许他们在同龄人眼中值得同情或是令人钦佩，但对于给他们打分的人，即老师来说，并不值得理解。

拥有良好的教养

有时候，孩子们在一同玩耍时，会相互比赛，看谁更粗鲁，仿佛这样自己就是老大，就是小伙伴中最强的那一个。然而真正的领导者应当是有所作为的，应当能够成为众人的榜样，而不是通过这些没有教养的行为来博得关注。

一个说话沉静、不提高嗓门、总能与每个人保持良好关系的人，肯定会比一个咄咄逼人或粗鲁的人更受欢迎。

我不是说即便我们不喜欢某人，也要假装喜欢他，但至少我们可以选择不把这种情绪表露出来，毕竟他不是我们唯一的同伴。

有的孩子为了让自己在同学面前显得更有面子，有时会公开诋毁某个同学。的确，他们这样做会吸引别人的注意，甚至可能结交一些"朋友"，那些"朋友"只会在一旁傻笑，鼓励他们继续这样做。但是，每个人心里都很清楚，这种行为是低劣的。

没有人能够从这种行为中得到好处：一方面，那个被诋毁、被戏弄的人没有得到尊重；另一方面，实施这种恶劣行径的人并没有赢得真正的面子。

10日挑战

通过前面的学习，我们明白了：我们所学习的新内容、新想法、新习惯都需要得到巩固。我说过，这一切都不是一蹴而就的。好比减肥或塑形，你可以在一秒钟内做出减肥的决定，但随后的减肥之路需要漫长的时间和一系列的行动来引导我们走向成功。如果你的孩子是个勇于挑战的人，我建议让他参加下面这个挑战，即"10日挑战"。它可以被应用在各个领域，下面讲解一下如何把它应用于学习。

我的要求是，在接下来的10天里，要做到以下几点。

——复习当天课堂上听到的内容。

——向你的朋友讲解至少3个不同科目的知识。

——在课堂上运用思维导图给每个科目做笔记。

——在为别人讲解时至少给自己录5次视频，每次都找出1个需要改进的地方。

——每个科目每2节课至少问1个问题（例如，如果你在周一和周三有数学课，选择其中一天问一个问题）。

——每天早上找一个积极向上的理由，热情高涨地去上学。

如果这10天内你没有做到以上任何一点，那么挑战就必须从第一天重新开始。

这是一项艰难的挑战，但如果挑战成功，那么你在短短10天内取得的成果会点燃你的热情，给你带来极大的满足感，以至于将做这些事情变成习惯。

制订考试成绩表

在我们开启一段旅程，即思考自己要去哪里之前，我们需要明白我们的出发点在哪里。

如何才能知道自己各科的学习水平呢？很简单，只需看我们各科的考试成绩。

你可以设计一个表格，上面填写每门科目的成绩，通过它反映你的实际水平。这样，你可以直观地看到每门科目的学习成果，明白你达到了什么水平，以及还需要付出多少努力加以提升。

这时，我们就可以为实现自己想要的结果制订一个行动计划。家长应当花点儿时间，问问孩子："你每门科目取得什么样的成绩才能真正满意？"和他一起完成评估，让他写下心中期待的成绩。接下来的问题就是："你需要多久才能取得这些成果？"更重要的问题是："为了取得这些成果，你应当怎么做？"

可以在表格中填上孩子希望达到的分数，但是，单纯填满它是不够的，必须做出正确的行动与付出努力，才能确保在表格里写下的内容成为他真正的成绩单。

现在，我们要为了达成目标而开始学习。你的孩子应当学会自我评估。你可以向他提问测验中的问题，让他想象自己在回答老师的提问，并拍摄整个过程。在他回答完所有问题之后，让他想象自己是老师，要去给同学打分，以这样的方式评价自己的回答。由于他很了解自己的老师，所以这只需要花费很少的时间。

看完录像后，问问他会给自己打多少分。这样，他就能立刻明白自己有哪些不足，通过从外部观察自己，可以让认知更加清晰。然后，问他需要做些什么才能取得理想的成绩，让他想象自己是老师，他将被迫思考教师打分的标准到底是什么。这能帮助他集中注意力，甚至可以让他更好地明白如何进一步提升自己。

另外，要确保他设定的目标是切实可行的，因为如果他的某门科目确实学得很糟糕，无法快速地掌握相关内容，那么明天就拿到高分是不可能的。制定看似进步不大，实则具有可持续性的目标吧！我还是建议从学得最差的科目开始，一点一点进步。如果能够让你认为最困难或最不喜欢的科目有所进步，哪怕只有一点点，你都会开始对自己和所使用的学习方法产生信心。不断鼓励自己，告诉自己做得很好，每一个小小的进步都应当得到肯定。

我们总是喜欢把更多的精力花在自己擅长的事情上，但这会导致偏科，即我们最喜欢的科目学得越来越好，而我们不喜欢的科目学得越来越差。偏科会给我们带来许多麻烦与限制。

想象一下，如果我们放假时还要被迫补习自己最不喜欢的科目。即便只有一门，也足以破坏美好的假期。

为了更直观地体现偏科问题，你可以参考图5-2。想象它是你骑去学校的自行车的车轮。你看，轮子被划分为好几个扇形，各自涂上了不同的颜色，代表着不同的科目，现在，在每门科目中都用数字标出了你的成绩，成绩越好，数字越大，涂色面积也就越大。

图5-2

想象每个扇形内的涂色面积都是附加在车轮上的一个秤砣，你可以认为每10分代表0.5千克，所以如果你有70分，相应的扇形区域将有3.5千克重。

那么，如果重0.5千克区域的临近区域或对面区域的重量为2.5千克，会发生什么呢？

你的自行车可能会失去平衡，将歪歪扭扭地前行，骑起来非常艰难。这时，我们首先要做的是使其达到平衡。我的意思是，只有在每个扇形区域重量相等的情况下，才能充分地发挥自行车的功能。显然，我们的最终目标是在每个部分都附加尽可能多的重量。如果你让每个扇形区域都重4.5千克，会发生什么呢？你可以轻松骑行你的自行车！这是由于惯性原则，这一原则在某种程度上也适用于生活中。即便某个科目有一道题错了，你的全科总分依然很高，比那些偏科严重的人要好得多！

感觉5-2分数更高！现在看看它的模样，每当你的分数增加，就在对应的区域涂上颜色，这样你就可以在视觉上清晰地认知到需要在哪方面投入更多精力。

图5-3

　　你有那么多的学习技巧可以使用了，现在你需要的是一个庄严的承诺。告诉自己，你要成为一名学习的"战士"，以骄傲和勇气应对挑战，无论面对何种情况，都能发挥自己的最佳水平。

宣誓

这份宣言是一位"思维战士"写的，他嘱托我妥善保存，留给那些真正懂得珍惜它的人。

你如果愿意，可以把它剪下来贴在卧室的房门上，上学之前读一读它。

我是学校的战士，也是思维的战士。

作为一名战士，我将努力面对——

学校的每一个问题，

每一项班级任务，

每一门科目，

我会付出自己最大的努力，

成为一个胜利者。

我会成为所有同学的榜样，

只要他们有困难，我就会帮助他们。

因为帮助他们就是——

帮助自己成为一名更好的战士。

亲爱的"思维战士"，我向你致敬，祝愿你在所有的挑战中取得成功！

我永远支持你！